걷기의 세계

뇌과학자가 전하는 가장 단순한 운동의 경이로움

걷기의 세계

IN PRAISE
OF
WALKING

셰인 오마라Shane O'Mara 지음
구희성 옮김

미래의창

들어가며

무엇이 우리를 인간으로 만드는가? 인간이 다른 모든 생물체와 차별화되는 특성은 과연 무엇일까? 일반적으로 언어를 가장 먼저 떠올리는데, 이는 의심할 나위 없이 인간만의 독특한 능력이다. 다른 종은 먹이나 위험을 알리는 고유의 신호를 통해 완벽하고 정교하게 서로 소통한다. 그러나 그 어떠한 종도 인간의 언어처럼 의미와 내용, 문화를 무한대로 표현할 수 있는 소통의 도구를 가지고 있지 않다.

아울러 인간은 매우 정교한 도구를 사용하고 다른 인간에게 그 사용법을 알려주기도 한다. 뿐만 아니라 이 도구의 사용 또한 시간이 지남에 따라 진화한다. 다른 종들도 도구를 사용하지만 인간만큼 다양하고 창의적인 활용 방법을 따라가진 못한다. 인간의 독특한 특성에는 음식을 익혀 먹는다는 점도 있는데, 다른 종들은 음식을 익혀 먹지 않는다. 인간은 음식을 익혀 먹음으로써 다른 방법으로 얻을 수 없는 영양소를 섭취하고 생명 유지가 가능하게 된다. 또 다른 인간의 특성에는 자녀와 미성년들을 양육하며 돌보는 대단한 노력과 공을 들 수 있다. 이 헌신적인 노력은 그 어떤 종도 따라올 수 없다.

이렇게 다양한 인간의 특성 중 사람들이 간과하는 것이 있는데, 바로 '인간의 진화'다. 그 중에서도 가장 독보적인 것은 '직립보행'이다. 이는 인간에게 두 발로 걸을 수 있는 능력으로, 우리의 손이 다른 작업을 할 수 있도록 만들었다. 대부분의 육지 동물들은 네 개의 다리를 이용해 이동하는 사지보행 동물들이다. 걷기는 외관상 단순한 능력처럼 보인다. 하지만 오늘날의 로봇들도 인간과 동물의 유연한 움직임을 모방하기에 아직 역부족일 정도로 놀라운 능력이다. 걷기를 통해 우리의 사고는 동적인 상태로 변하며, 이는 다른 동물들에게는 볼 수 없는 현상이다. 신경학자이자 현상학자인 어윈 스트라우스Erwin Straus는 1952년에 걷기가 어떻게 인간의 정체성과 경험에 연결되어 있는지에 대해 논하며, "직립자세는 인간의 자기 보호에 필수적인 조건"이라고 주장했다. 인간은 직립인 상태로 세상과 관계를 맺고 경험을 하게 된다. 앞으로 살펴보게 되겠지만 이 직립자세는 사회나 세상과의 관계에 큰 변화를 가져왔다.

인간의 가까운 친척이라고 할 수 있는 침팬지들은 손과 발을 함께 사용하여 걷는 중간 단계의 직립보행을 한다. 이 변형된 형태는 '너클 워킹Knuckle Walking(손가락 관절 보행)'이라 불리는데 특별히 효율적인 이동 방법은 아니다. 새들도 두 발로 걷지만 척추가 수직으로 곧은 상태인 직립으로 걷지 않는다. 새들의 척추는 땅과 수직 상태도 아니고, 머리가 맨 위에 고정되어 있는 것도 아니다. 인간에게 두 발을 이용한 직립보행은 머리부터 발끝에 이르기까지 신체 전반에 걸친 매우 극적인 변형과 적응을 통해 가능하게 되었다.

그렇다면 두 발을 이용한 인간의 보행은 어떤 점에서 특화되어 있는가? 진화론적 측면에서 두 발을 이용한 직립보행은 아프리카 대륙에서 벗어나 멀리 빙하로 뒤덮인 알래스카와 뜨거운 햇살이 작열하는 호주의 사막과 같이 다른 대륙과 지역으로의 먼 이동을 가능하도록 만들었다. 또한 직립보행은 우리에게 많은 신체적 장점을 선사했다. 두 발을 이용한 직립보행은 손을 자유롭게 하여 음식, 무기와 아이를 들 수 있도록 만들었다. 발의 움직임과 이동은 척추에서 골반에 이르기까지 몸의 균형을 이루어 돌과 창을 효율적으로 던질 수 있게 했고, 낮은 포복으로 움직이다 돌도끼를 이용하여 적을 공격하고, 싸움과 전투에서 얻은 전리품을 가지고 어둠 속으로 조용히 숨을 수 있는 능력을 주었다. 이처럼 직립보행은 사고를 자유롭게 하고 자유로운 사고는 저 지평선 너머까지 뚜벅뚜벅 걸어가는 것을 가능하게 했다.

그러나 걷기의 장점은 진화의 관점에만 국한되지 않는다. 걷기는 우리의 정신, 신체 그리고 우리가 사는 공동체에 많은 장점을 안겨준다. 걷기는 인간의 신체 전반을 비롯해 삶에까지 영향을 준다. 걷기는 두뇌를 다양한 방법으로 이용할 수 있도록 해주기 때문에 인간은 세상을 구성하는 다양한 모습과 형태, 감정을 다감각으로 읽어낼 수 있다. 다른 사람과 함께 걷는 것은 이 운동의 가장 좋은 형태일 수도 있다. 발맞추어 함께 걷거나 목적을 가지고 걷는 사회적 걷기는 사회에 변화를 가져오는 효과적인 기폭제 역할을 할 수 있다. 걷기는 개인적인 측면이나 집단적인 측면에서 모두 매우 중요하기 때문에 삶과 사회를 계획하는 데도 빠질 수 없는 필수적인 요소다. 따라서 공공정책을 만들 때 인간 고유의 특성인 걷기가 충분히 수용되어야 하며 이는 도시와 신도시 개발 계획에도 반영되어야 한다. 나는 전 세계 의사들이 개인 건강의 개선과 전반적인 웰빙 증진을 위해 걷기를 과잉 처방하는 날이 오기를 고대한다. 실제로 영국 스코틀랜드 북쪽에 있는 셰틀랜드 제도Shetland Is.의 가정의학과 의사들은 두뇌와 신체의 질환에 대한 예방 의학 차원에서 바닷가 산책을 처방하기 시작했다.

이 책에서 우리는 걷기의 기원과 어떻게 두뇌와 신체가 기계적이고 마술 같은 걷기를 실행하게 되었는지 알아보고, 걷기가 가져온 사고의 자유에 대해서도 살펴볼 것이다. 또한 포볼 골프와 시골길 산책 또는 사회 변화를 촉구하는 행진 등 많은 형태의 걷기에 대해 알아본다. 이 과정에서 걷기의 배울 점과 개인과 사회가 걷기로부터 얻을 수 있는 이로운 점을 살펴보고자 한다.

더불어 사람들이 어떻게 걷기로 사회적인 인간이 되었는지 알아볼 것이다. 걷기는 상대의 손을 잡는 것이 가능하게 되어 독점적 이성 관계라는 신호를 전달하고, 신체적으로 서로에게 의지할 수 있게 한다. 또한 시위행진과 같이 자유로운 정치적 의견 표출을 가능하게 하는데 이는 독재국가들이 가장 먼저 집회와 시위를 금지하는 이유이기도 하다. 걷기는 몸에 좋고, 뇌에 좋으며, 나아가 더 나은 사회를 만든다.

현대사회에서 우리는 운동 부족에 대한 대가를 치르고 있는데 그 원인은 우리가 살고 있는 환경의 문제, 사무실의 디자인, 아니면 단순히 게으름으로 인한 정적인 생활에서 찾을 수 있다. 나는 이 책을 통해 다시 걷기를 시작하는 것이 얼마나 중요한 것인지 보여주고자 한다. 인간의 뇌와 신체는 걷기를 통해 더욱 나아질 것이고, 그로 인해 우리의 감정, 생각의 명료함, 창의성, 사회·도시·자연과의 연계성 등도 긍정적인 효과를 얻게 될 것이다. 걷기는 모두에게 필요하면서도 누구나 쉽게 따라 할 수 있는 해결책이다.

정기적으로 걷는 행위는 개인과 사회 전반에 많은 이득을 제공하고, 또 이는 오래 지속될 수 있다. 이 책은 걷기의 과학과 산책을 할 때 느끼게 되는 진정한 즐거움 두 가지 모두에 대한 예찬이다. 단순한 행동의 변화가 신체적·정신적인 건강에 얼마나 중요한 역할을 하는지 알려주고 싶다. 걷기는 대부분의 사람들이 쉽게 실천할 수 있는 활동이며 지극히 자연스러운 행위다. 우리의 두뇌와 신체는 일상생활 그리고 자연과 인간이 만들어낸 환경에서의 움직임을 위해 고안되었다. 규칙적인 움직임과 운동은 다양한 방법으로 우리의 사고, 감정 그리고 창의성을 개선시키고 동시에 건강을 증진시켜줄 것이다.

이제 자리에서 일어나 인간만이 가능한 방법으로 세상을 있는 그대로 보고, 보다 나은 삶을 향해 걷기를 시작하자.

차례

1

걷기, 왜 좋은가

"내가 명상을 할 수 있는
유일한 시간은 걷고 있을 때다.
걸음을 멈추면 사고가 멈추게 되므로
다리가 움직일 때만 뇌가 작동한다."

-장 자크 루소

우리는 걷기의 장점을 외면하는 위험천만한 삶을 살고 있다. 걸으면 몸이 건강해짐은 물론이고 기분이 좋아지고 정신이 맑아진다. 현대인 대부분은 장시간 의자에 앉아 거의 눈앞에 있는 것이나 다름없는 컴퓨터 화면을 뚫어지게 응시하는 매우 자연스럽지 못한 환경에서 생활하고 있다. 우리가 자리에서 일어나 주변을 걸어 다니거나 움직이면 자세가 변하게 되는데, 몸통과 척추가 머리에서 허리로 그리고 바닥과 접촉하고 있는 다리와 발까지 이어지는 긴 일직선의 세로축으로 이동하게 된다. 이와는 반대로 앉아 있을 경우, 몸통의 하중은 허리 하부와 특히 아직 흔적이 남아있는 꼬리뼈를 이루는 미골 부위에 주로 집중된다. 미골은 척추와 다리의 윗부분 그리고 특히 걷는 데 가장 필수적인 근육인 허벅지 상단의 둔근까지 연결되어 있어, 놀랍도록 복잡하게 얽혀 있는 힘줄과 근육의 중심 역할을 한다. 선진국에서 하부 요통이 가장 흔한 질환이라는 점은 어쩌면 당연한 일일 수도 있다.

그렇다면 자리에서 자주 일어나 여기저기 걸어 다니는 치유법이 좀처럼 실천되지 않는다는 것은 얼마나 어리석은 일인가? 장시간 움직이지 않는 자세는 근육 변화를 초래한다. 다리 근육에 지방이 축적되고 나이가 들수록 움직임 부족으로 인해 근육량이 줄어드는 것이다(근육감소증). 그밖에도 혈압과 기초대사율(에너지를 소비하는 속도)에 변화가 일어난다. 그러나 몸을 일으켜 걸으면 뇌와 신체에 또다른 변화가 발생한다. '인지적 활성화' 상태가 되어 뇌활동이 시작되고, 머리를 움직이면서 주변을 둘러보게 된다. 신체 움직임에 따라 고요했던 심장의 전기적 박동 리듬이 활성화되어 두뇌 활동이 변하게 되는 것이다. 정신은 더욱 또렷해지고 호흡이 변하며 뇌와 신체는 앞으로의 움직임에 대비한 준비 상태에 들어간다. 프랑스 철학자 장 자크 루소는 "내가 명상을 할 수 있는 유일한 시간은 걷고 있을 때다. 걸음을 멈추면 사고가 멈추게 되므로 다리가 움직일 때만 뇌가 작동한다"고 말한 바 있다.

단지 일어나서 걸어 다니는 것만으로도 뇌의 변화를 일으킬 수 있다는 것을 입증할 방법은 무엇이 있을까? 미국의 심리학자인 존 리들리 스트룹John Ridley Stroop이 고안한 '스트룹

Stroop 과제'는 '인지 조절'을 검사해볼 수 있는 아주 단순한 실험이다.[1] 이는 집중력과 사고를 얼마나 쉽게 또는 어렵게 조절할 수 있는가에 대해 탐구한다. 스트룹 과제는 색과 단어 식별에 관한 실험인데, 실험 참가자들에게 빨강, 초록, 파랑, 검정과 같이 색상이 적힌 목록을 보여준다. 이 목록들은 빨강이라는 단어가 붉은 색으로 인쇄된 것과 같이 단어와 색상이 가리키는 바가 같은 경우와, 빨강이라는 단어가 초록색으로 인쇄된 것같이 다른 색으로 인쇄된 경우로 나뉘어져 있었다. 참가자들은 가능한 한 빨리 인쇄된 단어를 말하면 된다. 일반적으로 인쇄된 단어의 색과 실제 색이 일치하는 경우에 응답 속도는 빠르고 정확하다. 이와는 반대로 인쇄된 단어와 색이 일치하지 않는 경우 응답 속도는 훨씬 느려진다.

스트룹 과제는 이중 작업이라는 조건을 추가하기도 한다. 일례로 참가자가 목록의 색을 말하면서 동시에 이어폰으로 들리는 문장에서 특정 단어나 구절이 나오면 버튼을 누르는 식이다. 스트룹 효과는 신뢰성이 매우 높고 쉽게 식별이 가능한 실험으로, 시각적 자극의 특정 측면에 선택적 주의를 요구하며 동시에 시각적 자극의 다른 측면을 적극적으로 억제하고 적절한 반응을 선택하고 만들어낸다.

그러나 이 과정에 동작을 추가하면 어떻게 될까? 실험

심리학자인 텔아비브대학교의 데이비드 로젠바움David Rosen-baum과 동료들은 단순히 일어서는 것이 스트룹 실험 결과에 어떠한 변화를 가져올지에 대해 관심을 가지게 되었다.[2] 그들은 세 번의 실험을 통해 실험 참가자가 앉아 있을 때보다 일어서 있을 때 과제의 결과를 더 빠르게 도출해낸다는 것을 발견했다. 단지 서 있기만 하는 단순한 동작만으로도 인지와 신경계가 더 활성화된 것이다. 뿐만 아니라 걷기가 뇌 혈류를 증가시킨다는 연구결과가 최근 발표되었다. 장시간 크게 움직이지 않더라도 그저 규칙적인 간격으로 일어서는 행위를 반복함으로써 인지적 활성화를 일으켜 보다 많은 신경인지적 자원을 활성화해 뇌의 상태에 변화를 가져온다.

걷기가 인지 조절 향상 외에도 다른 많은 긍정적인 작용을 한다는 점은 명백한 사실이다. 걷기가 심장에 좋다는 것은 누구나 알고 있는 사실이며, 심장 말고도 몸 전체에 긍정적인 작용을 한다. 걷기는 스트레스와 손상을 입은 신체의 기관들을 보호하고 기능을 회복하는 데 도움을 주고, 음식물의 장 통과를 도와 소화기능에 순기능을 발휘한다. 정기적인 걷기 활동은 노화에 제동을 걸고 더 나아가 역노화라는 중요한 결과를 가져온다. 최근 노인층 그룹을 대상으로 무리가 없는 선에서 주 3회 걷기 운동을 하는 실험을 진행했는데,[3] 일 년 동안 정기적으로 걷기 운동에 참여한 그룹은 학습능력과 기억력을 담당하는 뇌 영역의 기능에 대략 2년 정도의 역노화 현상이 나타났다. 해당 뇌 영역의 부피 증가도 발견되었는데 운동을 통해 근육 강화가 일어나듯 규칙적인 걷기 활동이 뇌 구조에 직접적인 변화를 일으킨다는 것은 매우 놀라운 일이었다.

노화와 걷기에 대한 전문 자료를 해석하여 얻을 수 있는 결론은 단순하다. 걷기를 계속하는 한 늙지 않으며, 걷지 않는 것은 늙었다는 얘기라는 것이다. 특히 적당한 리듬을 유지하면서 빠른 템포로 정기적으로 걷는 것은 노화가 유발하는 역기능들을 지연시킨다. 또한 걷기는 기분이 좋아지게 만들어 창의성 향상과 함께 정확한 사고를 할 수 있도록 돕는다. 학습 활동 후의 유산소 운동은 이전에 학습한 내용을 기억해내는 능력을 개선시킨다. 또한 정기적인 유산소 운동은 학습과 기억 기능을 담당하는 대뇌 측두엽 해마의 새로운 세포 생산으로 이어진다. 그러므로 "운동은 약이다"라는 말은 백번 맞는 말이다. 그 어떠한 약도 이러한 긍정적인 효과를 불러오지 못한다. 게다가 운동에는 약이 주는 부작용 같은 것도 없다.

걷기는 자신의 내면을 있는 그대로 마주하게 하고, 내면을 자신과 차단시키지 않는다. 많은 사람들과 마찬가지로 나도 역시 운전을 하고, 항상 기차를 타고 출근한다. 그러나 걷기는 나에게 매우 특별한 이동수단이다. 걷기로 많은 것을 해소할 수 있다. 걷기는 정신을 맑게 해 꼼꼼히 생각하고 사고할 수 있게 만들어 준다. 자연스러운 움직임은 몸과 뇌의 경험으로 이어지는데, 이는 다른 종류의 움직임에서는 일어나지 않는다. 자동차, 자전거, 기차, 버스와 같은 이동 수단은 우리를 다양한 방법으로 주변 환경과 단절시킨다. 기계적으로 전진하고, 때로는 유리 가림막 뒤에서 매우 빠른 속도로 이동을 하며, 충돌할지 모른다는 걱정에 사로 잡히고 새로운 노래를 찾아 라디오 채널을 이리저리 돌린다. 거기엔 매우 특이한 수동성이 있다. 바로 앉아 있는데도 빠르게 움직인다는 것이다. 이런 일은 걷기에선 있을 수 없는 일이다. 걷기로 목적지에 도달하기 위해서는 한 발이 다른 발보다 앞서 나가고 자신의 동력을 사용해야 한다. 스스로 움직이고 우리만의 속도와 방법으로 세상을 경험하게 되는 것이다.

*

우리가 일어나 걸음과 동시에 뇌가 활성화된다는 것은 지극히 자연스러운 사실이다. 이 책을 통해 앞으로 알게 되겠지만, 인간은 움직이는 종족으로 진화해왔다. 우리는 걷고 움직이며 세상에 대한 새로운 정보를 얻어왔다. 다시 말해 인간은 단순히 두개골 안에 갇힌 뇌가 아닌 늘 움직이는 마음의 소유자이며, 이는 '인지적 이동' 상태를 뜻한다. '인지적인 움직임'이 자유로운 상태는 곧 사고의 자유를 의미한다. 우리가 어떻게 사고하고 논리적으로 판단하고 기억하고 읽고 글을 쓰는지를 탐구하는 학문은 인지에 관한 연구이다. 일반적으로 인지와 관련된 과학적 탐구는 실험실에서 인지 능력을 측정할 수 있는 통제된 실험과 다양한 연구들을 통해 이루어진다.

확실하고 일관된 방법으로 움직이는 것에는 반드시 이를 측정하는 방법이 존재한다. 인간이 눈을 움직일 때 어떠한 패턴을 그리는지, 예를 들어 화면을 볼 때 무엇을 얼마 동안 보고 스크린의 어느 부분을 응시하는지, 동공 크기의 확장과 축소, 눈 깜빡임의 속도를 측정할 수 있고, 뇌의 전기 반응을 분석하고 반응 속도 또한 측정하고 피실험자가 실험의자에 앉아 얼마나 꼼지락대는지도 측정할 수 있다. 그리고 가장 최근의 실험에서 피실험자들은 뇌영상 촬영기기에 누워 복잡한 과제를 수행하는데, 영상촬영기기들은 다양한 최첨단 방식을 활용하여 두뇌 활동을 측정하고 특정 인지작업의 수행능력과 관련된 두뇌의 영역을 확인할 수 있다.

두뇌의 영상촬영기법은 크게 두 가지로 나뉜다. 가장

대중적인 방법은 자기공명영상법MRI으로 이를 다시 기능적 MRIfMRI와 구조적 MRIsMRI로 구분할 수 있다. MRI는 의학적으로 안전한 비외과적 시술로, 뇌가 작동하는 미세한 부분까지 볼 수 있다.

이제 당신이 fMRI 실험에 참여한다고 가정해보자. 당신은 MRI 기계 침대에 누워 천천히 기계 안으로 들어간다. 제일 먼저 sMRI 촬영으로 뇌의 단층을 여러 차례 촬영하여 이상 소견이나 기타 다른 문제가 있는지 확인한다. 이 과정에서 문제가 발생하지 않는다면 fMRI 촬영을 할 때 수행하게 될 과제에 대한 설명을 듣는다. 이때 당신은 화면의 작은 'X' 표시를 응시한 후 특정 과제를 수행할 것이다. 책의 주제를 감안하여 이 과제가 공간 안에서의 길 찾기 과제라고 가정하자. 이때 조이스틱을 활용하여 복잡한 3차원 미로에서 길을 찾는 미션이 주어졌다고 생각해보자. 우리는 과거 '생쥐와 인간 실험'을 통해 근육의 움직임과 관련된 뇌의 영역뿐만 아니라 해마체 부분에서도 매우 활발한 활동이 이루어질 것을 예측할 수 있다. 그렇다면 과제에 특정하여 해마체 활동이 있다는 것을 어떻게 보여줄 수 있을까? 이런 경우 통제된 실험이 필수적이다. 주로 감산 논리가 활용되는데, 이는 수행하는 과제에서 해당 작업과 무관한 활동이 제외되는 것을 말한다. 실험자는 피실험자에게 조이스틱을 움직이라는 구두 지시를 내릴 수 있지만 미로를 탐색할 동안에는 시각 운동성 행동에 집중하도록 구두 지시를 멈춘다.

연구실에서 진행된 실험적 접근 방식은 실로 놀라웠다. 이를 통해 인간이 지닌 인지 모형의 표준을 측정하고 확장하는 것이 가능해졌다. 그러나 이 경우 특정한 한계가 뒤따르는데, 이는 뇌가 움직이는 동안 뇌에서 일어나는 일을 측정할 수 있는 능력과 관련된 것이다. 특히 뇌가 야외에서 움직일 때, 제약은 더 두드러진다. 실험 심리학자인 스털링대학교의 시몬 라두스Simon Ladouce와 그의 동료들은 그동안 심리학자들과 신경과학자들이 몸이 움직이고 있을 때 뇌의 상태에 대한 연구를 심층적으로 하지 않아 오늘날 인지에 대한 이해가 매우 더디게 진행되었다고 주장한다.[4] 움직이고 있는 뇌에 어떠한 활동이 일어나는지에 대한 연구는 불가능한 것은 아니지만 쉽지도 않다. 통제된 공간이 아닌 야외에서 인지 연구를 하기 위해서는 실험실에서의 연구 방식의 장점을 살리고 이동식 실험 도구들을 이용해 인간이 걸어 다닐 때 무엇을 생각하고 말하고 있는지 측정할 수 있어야 한다.

최첨단의 모바일 기술을 이용해 실외에서 이동 중일 때의 움직임을 포착할 수도 있을 것이다. 우리 대부분은 스마트폰을 사용하고 있다. 이 기기들에 설치된 앱을 통해 걸음 수, 걷는 속도, 식단을 비롯한 다양한 정보를 기록하고 측정할 수 있다. 이러한 앱들의 기술을 확장하면 인지기능이 움직이고 있을 때 뇌가 무엇을 하고 있는지 기록할 수 있다. 이때 스마트폰은 매우 유용하게 활용된다. 피실험자들은 푸시 알람을 통해 하루에 여러 차례 무엇을 하고 있는지, 현재 기분이 어떠한지, 무엇을 할 예정인지 등과 같은 질문을 받고 이에 답한다. 이것을 '경험 표집법'이라고 한다.

걷기가 두뇌에 어떠한 변화를 일으키는지 연구하는 간접적인 방법들이 있지만 근본적인 작동 메커니즘을 특정하고 이해하는 것은 더 어려울 수 있다. 이러한 변화를 뇌세포와 회로, 뇌체계의 활동과 연결시켜 전반적인 인지 및 행동과 연관시키는 것은 더욱더 어렵다. 그러나 이제 우리는 걷기가 뇌활동에 어떠한 변화를 일으키는지에 대한 이해의 초기 단계에 와 있다. 우리는 행동의 사전 단계로, 걷기가 어떻게 뇌에 변화를 일으키는지 이해하기 시작한 것이다.

당신이 가만히 앉아 움직이는 사냥감을 기다리고 있는 고양이라고 상상해보자. 근처에 맛있는 먹이를 찾아다니는 생쥐가 있다. 생쥐를 노리고 있는 고양이는 조용히 움직이고 있으며, 시각은 생쥐의 움직임에 더욱더 민감하게 반응한다. 고양이인 당신은 정보를 더 빠르게 습득하고 발은 사냥감을 포획하기 위한 만반의 준비가 되어 있다.

땅 밑과 이어진 쥐구멍으로 돌아가고 있는 생쥐가 있다고 상상해보자. 어두워지기 시작했고, 고양이와 생쥐 둘 다 감각기관 중 시각을 가장 많이 활용하게 된다. 두 동물 모두 서로의 체취를 맡을 수 있지만, 이는 분명하지 않아 사냥감을 찾아내거나 포식자로부터 도망가기 위한 확실한 방법을 찾아내기 힘들다. 완벽한 안식처가 아닌 이상 움직일 때 민감해지는 시각체계에 의존하여 조용하고 조심스럽게 움직이는 것이 고양이로부터 도망칠 수 있는 더 좋은 전략일 것이다. 이와 마찬가지로 몸을 움직이고 머리와 눈을 움직이면, 사냥감을 구별해낼 수 있는 확률이 높아진다.

여기서 매우 흥미로운 '진화적 군비경쟁'이 일어난다. 사냥감인 생쥐와 포식자인 고양이의 뇌의 시각적 영역 활동은 움직임, 즉 걷기로 인해 더욱더 예리해지고 세밀하게 조율된다. 걷기는 사냥감을 쉽게 포획 가능하게 하고, 동시에 포식자로부터 더 쉽게 도망칠 수 있도록 한다. 움직이는 두 개의 인지체계, 즉 경쟁 관계인 고양이와 생쥐의 인지체계는 서로의 목표를 물리치는 데 조율되어 있다. 그리고 각각의 인지체계는 동일한 활동으로 더 예리해지는데, 그것은 바로 걷기다. 이로서 매우 중요하고 일반적인 결론에 도달하게 된다. 바로 걷기는 미세하고 중요하면서도 강력한 방식으로 뇌의 활동에 두드러진 변화를 일으킨다는 것이다.

고양이-쥐, 포식자-사냥감이라는 예는 뇌세포와 회로, 시스템 그리고 행동에 어떤 일이 일어나는지 보여줌으로써 '이동'이라는 인식에 대해 조금 더 고려하도록 만든다. 걸을 때 사물을 보는 감각에는 어떠한 일이 일어나는가? 걷기가 시각에 영향을 미치는가? 집중하며 걷고 있을 때, 반대로 앉아서 집중하고 있을 때 사물을 보는 속도에는 차이가 있는가? 걷기는 뇌에서 시각을 담당하는 부분의 활동에 다양하고 긍정적인 방향으로 변화를 일으켜 실생활에서 일어나는 일에 빠르고 효과적으로 반응하게 만든다.

잠시 움직임이 인지체계에 어떻게 영향을 미치는지 생각해보자. 뇌를 다음과 같이 조금은 단순하게 생각할 수 있는데, 바로 외부 세계(신경체계의 감각에 해당하는 영역)로부터 인풋Input을 받아 이를 일련의 과정을 통해 처리한다는 것이다. 이후 처리과정의 결과는 특정 아웃풋output(움직임의 영역)의 형태로 행동에 영향을 끼친다. 이러한 다른 영역의 뇌활동은 걷기 중 측정 가능하다. 이를 통해 얻게 되는 결론은 걷기가 두뇌 활동에 두드러진 긍정적 변화를 일으킨다는 것이다. 활발하게 움직이는 동안 시각, 청각 그리고 반응 속도까지 모두 개선된다.

물론 인간은 움직임 없이 가만히 있지 않으므로 일상적인 움직임은 정확한 정보 수집에 어려움을 안겨준다. 이미 살펴보았듯이 움직이는 생쥐를 이용한 실험은 무척 단순하지만 움직이는 인간을 대상으로 한 실험은 독창성이 요구된다.

*

알프스 산맥은 8개국(오스트리아, 프랑스, 독일, 이탈리아, 리히텐슈타인, 모나코, 슬로베니아와 스위스)에 걸쳐 있으며 장장 5천 킬로미터에 이르는 다섯 개의 긴 산맥이 맞물려 있다. 알프스 산맥의 기원은 고대로 거슬러 올라가며, 가끔 산맥에서 발견되는 고고학적 유물들은 흥미롭고도 충격적인 과거의 이야기를 전한다. 일례로 1991년에는 5천 년 전의 인물로 추정되는 중년 남성의 미라가 오늘날의 오스트리아-이탈리아 국경선에서 발견된 바 있다. 이 미라는 냉동인간 외치Ötzi the Iceman라 불리게 되었다.

외치는 매우 불행한 죽음을 맞이한 것으로 보인다. 엑스레이 감식 결과 왼쪽 어깨에 부싯돌 화살촉이 매우 깊게 박혀 있었고, 머리엔 심각한 외상을 입은 것으로 나타났다. 팔에는 저항 흔적이 있었는데, 이 많은 상처 중 무엇이 그를 죽음에 이르게 했는지는 확실하지 않다. 화살촉이나 머리의 외상보다는 어깨 상처의 출혈로 인해 사망에 이르렀을 가능성이 높다. 외치는 사후에 더 많은 수모를 겪고 있는데, 알프스 관광 식당에서 외치 피자, 외치 아이스크림 등으로 유명세를 타면서 다시 한번 소비되고 있는 것이다.

외치가 현대 인간과 다른 점은 무엇일까? 한 곳에 정착해 비교적 정적인 삶을 사는 오늘의 21세기 현대인들과는 달리 고대 인류는 유목민의 삶을 살았을 것이다. 유목민의 삶은 외치의 몸에 어떠한 영향을 미쳤을까? 과거로 돌아가 외치의 모습을 추정해보고 유목민의 삶이 몸에 어떠한 변화를 가져왔는지 추정할 수 있는 실험이 2011년에 진행되었다. 학자들은 62세의 비교적 활동적인 남성이 알프스의 긴 산맥을 걷을 때 어떻게 반응하고 적응하는지에 대한 연구를 진행했다. 이 익명의 이탈리아인은 3개월 동안 알프스 산맥의 1,300킬로미터를 걸었다.[5] 실험을 시작하기 전 그는 연구소에서 머리부터 발끝까지 다양한 신체검사를 받았다. 폐활량, 근력, 체지방량, 혈액 검사를 포함한 각종 검사들을 통해 신체의 중요한 생리적 기능과 수치를 측정했다. 그런 후 그는 생리학적 연구소의 역할을 담당하게 될 이동식 기계를 장착하고 산행을 시작했다. 이동식 기계는 배낭 안에 들어가는 작은 크기로 혈액 검사를 할 수 있는 기기를 포함해 각종 실험 도구들을 갖추고 있었다. 덕분에 학자들은 현대판 외치가 오랜 산행으로 변화에 어떻게 적응해 나가는지에 대한 연구를 진행할 수 있었다.

좋은 소식은 걷기를 시작하기에 늦은 나이는 없다는 것이다. 아무리 장거리일지라도 말이다. 비교적 건강한 상태였던 현대판 외치는 장기간에 걸쳐 알프스 산맥과 같은 장소를 직접 걸어본 적이 없었음에도 불구하고, 고지대에서 겪게 되는 경미한 산소 부족과 같은 고된 산행의 조건에 그의 몸이 쉽고 빠르게 적응했다는 것을 연구결과로 알 수 있다. 측정된 거의 모든 신체 기능의 수치가 긍정적인 변화를 보였다. 지속적인 산행을 통해 일반적으로 비만도를 측정하는 체질량은 10퍼센트 감소했으며, 체지방율은 4분의 1 이상 뚝 떨어졌다.

현대판 외치는 68일 동안 총 1,300킬로미터, 매일 평균 19킬로미터를 걸었다. 매일 일정한 거리를 걷지는 않았으며, 어떤 날은 5~6킬로미터를 걸었고, 또 어떤 날은 41킬로미터를 기록한 날도 있었다. 이 차이는 알프스 산맥 지형의 난이도 때문이다. 해발 2천 미터에 이르는 곳의 산악 지역에서 4킬로미터를 걷는 일은 완만한 경사의 부드러운 지형에서 7~8시간 동안 40킬로미터를 걷는 일보다 더 힘들게 여겨졌을 것이다. 현대판 외치처럼 비교적 단기간 일정하게 매일 어려운 지형에서 상당한 거리를 걸을 수 있는 인간의 능력은 과거 아프리카 대륙에서 다른 대륙으로 이동했던 고대 인간에게 매우 중요한 일이었다.

현대판 외치가 알프스 산맥 걷기를 통해 얻은 가장 큰 혜택은 심장과 심혈관 질환을 유발하는 것으로 알려진 중성 지방이 매우 큰 폭으로 감소했다는 것이다. 오랜 기간의 걷는 활동으로 중성지방이 대략 75퍼센트가 감소했다. 이와 동시에 심장 질환을 예방하는 것으로 알려진 올리브유와 생선의 오메가3에서 발견되는 고밀도 지방단백질의 생산은 대폭 증가했다. 여기서 우리는 중년 후반의 남성에 대한 자세한 연구를 통해 매일 걷는 운동 요법이 심장을 강하게 만들 뿐만 아니라 심장질환을 일으키는 요인을 줄임으로써 심장질환을 예방한다는 강력한 입증자료를 얻은 셈이다. 이 연구 사례를 통해 중년의 나이에도 뇌로부터 적당한 자극을 받는다면 지구력에 초점을 맞춘 걷기 운동을 매일 장기간 수행함으로써 신체가 매우 건강해진다는 결론을 얻을 수 있다.

이러한 신체적 변화는 이례적인 결과인가? 아니면 모두에게 일반화할 수 있는 일련의 과정을 보여주는 것일까? 실험에 참여했던 이탈리아 남성의 염증지수를 포함한 다른 질병 수치들 또한 모든 영역에서 큰 감소를 보였다. 혹시 그에게 생리학적인 특장점이 있거나 장기간 걷기를 가능하게 하는 유전적 특이점이 있는 것은 아닐까?

이러한 궁금증을 해결하는 방법 중 하나는 지리적으로 동떨어진 곳에 거주하는 인구층을 대상으로 실험하는 것이다. 볼리비아의 아마존 유역에서 수렵생활을 하는 사냥꾼들을 대상으로 한 연구는 이들이 현대판 외치와 유사하다는 것을 입증한다. 아니, 현대판 외치가 신체 활동에 있어 볼리비아의 사냥꾼들과 유사한 반응을 보인다고 말하는 것이 더 정확할 것이다. 진화 인류학자인 뉴멕시코대학교의 힐라드 카플란 Hillard Kaplan과 그의 동료들은 아마존 정글에서 생활하는 티마네 부족the Tsimane의 원주민 705명을 대상으로 연구를 진행했다.[6] 이들은 주로 생선, 야생 동물, 고식이섬유 함유 탄수화물을 주식으로 삼는 수렵인들이다. 그들은 저밀도 리포단백질의 영양 섭취가 매우 낮았으며 흡연의 흔적은 거의 찾아볼 수 없었다. 반면, 그들 몸에선 기생충을 많이 발견할 수 있었다. 티마네족은 농사, 사냥, 음식준비, 가사, 육아 등으로 활동량이 매우 높다. 그들은 어디든 걸어 다니고 동물이나 바퀴 달린 이동 수단을 사용하지 않는다.

놀랍게도 카플란과 동료들은 실험에 참여한 거의 모든

티마네족이 건강한 서구인들보다 더 건강한 심장 수치를 보이고 있다는 것을 발견했다. 관상동맥 석회 수치(CAC)는 혈관 내에 석회 플라그가 얼마나 축적되었는지를 알려준다. 이 플라그는 딱딱해져 동맥 내 혈류의 흐름을 막아 심장마비 또는 뇌졸중을 유발하기도 한다. 티마네족의 CAC 수치는 서구인의 5분의 1에 불과하고 이중 65퍼센트는 CAC 수치가 0이었다. 수치상으로 80세 티마네 노인의 혈관 나이가 50대 중반 미국인의 혈관 나이와 같았다.

비록 활동량 검사인 액티그래피(직접적인 활동량의 측정)를 포함하지는 않았으나, 수집된 관찰 연구 결과로 티마네족이 매일 장시간 신체적 활동을 한다는 것을 알 수 있다. 이는 몸을 많이 움직이지 않는 서구의 도시인들보다 몇 배나 많은 운동량이다. 그들은 식량을 구하기 위해 먼 거리를 걸어다니고 생존을 위해 사냥, 낚시, 수렵 등의 활동을 한다. 우리는 이를 통해 많은 활동량과 식단의 변화가 심장질환 발생 유발인자 억제에 도움이 된다는 안정적이고 합리적인 결론을 도출할 수 있다. 더불어 현대판 외치를 통한 연구 결과, 더 많이 걸을수록 더 건강해진다는 것이 증명됐으며, 신체활동이 줄어들수록 건강이 나빠진다는 것을 알 수 있었다.

안타깝게도 현대판 외치의 감정에 대한 기록은 없었다.

그러나 장담하건대 그의 감정에 특이점들이 있었을 것으로 추측된다. 우선 그의 순간적인 감정은 걷기를 계속하면서 겪는 습기, 더위, 추위 또는 배고픔, 갈증과 같은 어려움을 매번 마주하며 익숙해질 확률이 높다. 또한 어디에서 자고 어디서 식사하고 화장실은 어디서 마련하는가 등과 같은 유목생활의 불편함에 대한 고충도 일상적으로 느끼기 쉽다. 그러나 장기적으로 그의 신체적·정신적 건강 그리고 사고의 정확성과 의식의 명료함은 모두 지속적인 상승 곡선을 그렸을 것이다.

*

오늘날의 첨단 기술은 보다 폭넓은 인구층을 대상으로 이동과 활동량을 연구하는 데 더 편리한 솔루션을 제공한다. 바로 스마트폰을 통해서다. 스마트폰 앱은 매일 걸음 수와 걷는 코스를 자동적으로 기록할 수 있으며, 나이와 몸무게를 기록하고 심박 수뿐만 아니라 혈중 산소 포화도의 변화를 추적할 수 있다.

스마트폰으로 10년 전에는 불가능했던 활동량 측정 및 비교가 가능해졌다. 나는 스마트폰을 이용하여 매일 걸음 수를 체크한다. 목표를 설정하고 매일 걷고자 하는 최소 걸음 수를 채우려 하는데 가끔은 이 목표를 초과하려고 노력한다. 그런데 왜 스마트폰을 이용하는 걸까? 가장 간단한 이유는 스마트폰이나 만보기가 없다면 일정하고 확실하게 걸음을 계산하기가 어렵기 때문이다. 하루만 지나도 전날 몇 걸음을 걸었는지 기억하기 힘든 것이 보통이다. 그리고 만보기 형태의 도구 없이 평균 걷는 속도를 매시간, 매일 측정하는 것은 거의 불가능에 가깝다. 이처럼 정확한 데이터를 손에 넣을 수 있게 되면서 막연히 자신이 걸었다고 생각하는 걸음 수가 아니라 실제 얼마나 걸었는지를 정확하게 알 수 있다. 이 수치는 억지로 꾸며 낼 수 없는 것이다. 자신이 얼마나 걸었는지를 짐작으로 산출하게 되면 여러 가지 실수나 문제점이 발생하기도 한다. 우리가 현재 느끼고 있는 감정에 대해서는 비교적 정확하게 말할 수 있지만 72시간 전 느꼈던 감정에 대해서는 정확하게 말하는 것이 어려운 것과 비슷한 이치다. 꾸준하게 기록한 신뢰할 수 있는 걷기활동 수치는 하루 동안 언제, 얼마나 걸었는지를 아주 세밀하게 보여준다. 스마트폰은 주머니 속 개인 연구소가 될 수 있는 것이다.

선진국이나 개발도상국을 가리지 않고 스마트폰 보급률은 사회의 전 소득계층에 걸쳐 급격한 증가를 보이고 있다. 보급률이 거의 100퍼센트에 가깝다는 것은 개인 차원의 걷기

데이터와 전국 차원의 걷기 데이터를 정확하게 장기간 기록할 수 있다는 것을 의미한다. 이는 현재 도출된 데이터 세트의 규모로 알 수 있다. 예를 들어 스탠퍼드대학교의 컴퓨터 과학자인 팀 알토프Tim Althoff와 그의 동료들은 111개국, 10대 중반에서 70대 중반 사이 717,527명을 표본으로 6,800만 일 간의 걷기 관련 데이터 세트를 구축했다.[7] 이는 말 그대로 '빅데이터'인 셈인데, 마치 수십만 명으로부터 얻은 수많은 물방울로 이루어진 방대한 데이터의 호수와 같다.

다양한 데이터 확인 및 데이터 클리닝을 통해 46개국 693,806명으로부터 6,600만 일 동안 얻어진 최종 데이터 세트가 완성되었다. 나아가 나이, 체질량, 성별로 구분된 정보 세트를 통해 국가별 걷기와 관련된 운동 유형을 그려내는 것이 가능했다. 이와 더불어 미국의 또 다른 데이터 세트를 토대로 다양한 지표를 통해 미국의 69개 도시를 대상으로 걷기에 친화적인, 즉 걷고 싶은 도시에 대해 분석했다. 이 중 일부 도시는 지리적 환경이 같고, 중산층 이상의 유사한 경제 수준으로 인구학적 통계도 같으나 도시 환경이 얼마나 걷기 친화적인지에 따라 걷기 활동량에 차이를 보였다. 그들은 국가 내에서도, 국가 간에도 개인별 걸음 수에 많은 차이가 있다는 것을 발견했다. 또한 체질량에 의해 측정되는 비만도의 가장 중요한 예측변수는 한 국가에서 측정된 걸음 수의 절대량이 아니라 한 국가에서 측정된 남자와 여자의 걸음 수 차이에 좌우된다는 사실도 발견했다.

이 연구를 통해 흥미로운 사실들이 많이 발견되었다. 예를 들어, 10대 중반부터 70대에 이르는 전 연령층에 걸쳐 남성이 여성들보다 더 많이 걷는다. 반면 여성은 남성보다 평균적으로 체질량지수BMI가 낮다. 그러나 활동량이 줄어들면 평균적으로 BMI는 증가한다. 이 연구에서 개인의 평균 걸음 수는 하루에 4,961보였다. 일본의 경우 개인의 평균 걸음 수는 5,846보로 사우디아라비아의 3,103보보다 2배 많았다. 남녀 성별 간 걸음 수의 차이는 연구 대상국 전반에 걸쳐 두드러지게 나타났으며 이 성별 격차는 BMI에서 관찰된 차이의 상당한 부분을 야기했다.

내가 호주머니 속 개인 연구소를 어떻게 사용하는지 궁금한가? 스마트폰 워킹앱은 걷기를 실천에 옮기도록 동기부여를 한다. 만보계는 나의 죄책감을 투영하는 거울이다. 나는 하루에 최소 9,500보를 걸으려고 노력하고 가능한 매일 1만 2천 보 이상 걷기를 바라며, 1만 4천 보 이상 달성한다면 아주 만족한다. 현재 나는 9,500보라는 일일 목표는 거의 매일 달성하고 있고 한 달 기준 18일 정도는 1만 2천 보를, 10일

정도는 14,500보를 달성하고 있다. 스마트폰의 만보기 기능이 없다면 매일 몇 보를 걷는지, 정확하게 오랫동안 기억하기란 불가능할 것이다. 앱을 사용하지 않고 직접 기록한다면 전혀 신뢰할 수 없는 데이터가 될 확률이 높다. 그러니 이러한 지루한 작업은 주머니 속 작은 로봇에 맡기는 것이 옳은 선택일 것이다.

*

이 책은 건강을 떠나 걷기가 뇌, 신체 그리고 행동 전반에 유익하다는 것을 계속 탐구해 나갈 것이다. 이와 더불어 인간의 감정, 창의력 그리고 사고에 자극을 가하는 걷기의 놀라움에 대해 수려한 문체로 글을 썼던 많은 시인과 작가들에 대해서도 논하고자 한다. 걷기의 중요하고 본질적인 가치와 보상을 가장 잘 이해한 사람들은 작가들이다. 이와 관련해 매번 언급하게 되는 시인은 엘리엇T. S. Eliot이다. 나는 엘리엇의 시가 놀라운 어조(운율)와 리듬을 가지고 있다고 느끼는데, 이는 소리 내어 읽을 때 특히 더 두드러진다. 그의 위대한 현대시인《프루프록의 사랑노래(1915)》는 도보로의 여행인 동시에 정신세계로의 여행이기도 하다. 이 시는 저녁 땅거미가 내려앉은 도시에서 불확실함 속에 내디딘 긴 산책의 리듬에 운율을 맞추었다. 시의 도입부는 도시로의 산책에 대한 초대다.

> 그러면 가자, 당신과 나
> 저녁 노을이 수술대 위에 누운 마취된 환자처럼
> 하늘을 배경으로 펼쳐져 있을 때
> 함께 가자, 반쯤 인적이 끊긴 거리들을 지나
> 하룻밤 싸구려 호텔들과
> 톱밥이 깔리고 굴 껍데기가 널브러진 식당에서의
> 웅얼거림이 있는 뒷골목에서 잠 못 이루는 밤

엘리엇은 말하지 않고 보이지도 않는 상대에게 늦은 오후 어두운 도시 뒷골목으로의 산책을 제안한다. 걸어서 하는 산책은 시의 운율에 필수적인 요소이다. 엘리엇은 익명의 상대방에게 자전거를 같이 타거나 택시를 타거나 기차여행을 가자고 하는 것이 아니라, 산책으로 초대하고 있다.

다른 형태의 이동 수단도 매력적이지만, 걷기는 또다른 새로운 경험을 선사한다. 풍경, 대화, 타인의 소리, 외로움의 내음, 엘리엇 시인의 시구 '황혼의 좁은 골목길'에 나올 법한 창가에서 파이프 담배를 피우는 사람들이 있을 것이다. 마치 엘리엇이 걸으며 자신과 대화를 하는 느낌이다. 내면과 외면 세계의 경계가 모호해지고 프루프록으로 분한 엘리엇은 불확실함 속으로 걸어간다. 이 시는 완곡하게 표현했지만 도시에서의 산책과 사색에 대한 주목할 만한 헌사다. 걸을 때마다 느껴지는 리듬과 템포는 당신을 상상 속의 저녁으로 안내한다.

엘리엇이 "가자, 당신과 나"라고 말한 것처럼, 우리도 걷기라는 놀라운 여행을 떠나보도록 하자. 과학, 역사, 골격과 근육 그리고 신경계의 복잡한 상호작용이 이루어지는 매우 흥미로운 여행이 될 것이다. 넘어지고, 느긋하게 걷고 어슬렁거리고, 가끔은 헤매고 터벅터벅 걷고, 유유히 걷고, 저벅저벅 걷고, 성큼성큼 걷고, 한 발자국 한 발자국 발을 떼며 걸어가자. 우리의 여행은 고대 아프리카에서 시작해 움직임의 역학 그리고 두뇌의 가장 깊은 곳으로 떠나 세계 여행을 하게 되고, 또 목적을 가지고 함께 걸으며 세상을 바꾸는 여정을 그릴 것이다.

2

걷기의 기원

현존하는 영장류 중 인간처럼

직립보행을 하는 종은 없다.

걷기에 대한 이야기를 해양 생물체인 멍게로 시작해보자. 멍게의 생명 주기는 조금 특이하다. 이 생명체는 바위 사이 작은 웅덩이에서 사는데, 초기 유생 단계에서는 간단한 뇌와 척수로 이어진 형태로 척추가 있는 아주 작은 외눈박이 키클롭스Cyclops이라고 볼 수 있다. 척수가 있어 인간을 포함한 고양이, 어류, 조류를 비롯 전문적인 용어로 척색동물문Phylum Chordata이라는 동물군으로 분류된다. 초기인 유생 상태에서는 자유롭게 유영할 수 있고 사냥하며 항상성(생명 현상이 제대로 유지되기 위해 특정한 상태를 유지하는 생물체의 성질-역주)을 유지한다. 허기진 멍게 유생은 사냥을 통해 영양학적인 항상성을 유지한다.

멍게 유생은 수영할 때도 균형을 잡는다. 부드러운 아랫배를 아래로 향하게 하여 포식자들로부터 자신을 보호하는

데, 이는 멍게 유생이 위와 아래를 정확하게 구분할 수 있다는 것을 의미한다. 멍게 유생은 세포 낭주머니인 평형포를 통해 균형을 유지한다. 이 평형포에는 신경을 거쳐 뇌로 연결된 털이 줄지어 있다. 또한 공 모양의 낭주머니 안에는 조그만 구슬로 보이는 광물질화된 덩어리인 평형석이 있다. 중력의 법칙을 따르는 평형석은 낭주머니 아래로 굴러가고, 마치 안팎이 뒤집힌 테니스공 안에 있는 구슬과 같은 모양새를 취하게 된다. 이 위치는 멍게 유생의 배가 바닥을 향한 바른 자세를 취하고 있다는 신호다. 만약 이 안정된 자세에서 벗어나 평형석이 굴러가면 털을 건드리게 되고 멍게 유생이 바른 자세에서 벗어났다는 신호를 전달하여 유생은 자세를 다시 고쳐 잡는다.

자라면서 멍게는 고착 단계로 전이하고 편한 바위에 몸체를 고정한다. 그곳에서 이제는 더 이상 필요로 하지 않는 불완전한 뇌와 척수 그리고 눈세포를 재흡수하여 영양분으로 삼는다. 이때 멍게는 생식기관이 달린 위Stomach에 불과한 생물체가 된다. 엽상체(잎 모양을 하고 잎의 역할을 하는 기관)에 닿는 작은 먹이 입자에 무의식적으로 반응하는 강탈자가 되는 것이다. 더 이상 움직이지 않는 상태에서 '뇌'는 무용지물이 된다.

말미잘은 이와 유사하지만 비교적 단순한 수명 주기를 보인다. 말미잘은 자유롭게 움직이는 폴립(강장동물의 기본적 체형)으로 시작하여 널리 분포된 뇌와 같은 기능을 하는 신경 무리를 흡수하며 바위에 몸체를 고정한다. 특정 해파리 종은 이와는 반대 양상을 보이는데, 미성숙한 폴립 형태로 바위에 몸체를 고정하고 엽상체는 물에 떠다닌다. 자라면서 자유롭게 유영하고 더 복잡한 신경망을 갖추어 포식자들을 공격하고 먹이의 소화와 정형화된 움직임이 가능해진다. 여기서의 가르침은 분명하다. 뇌는 움직임을 위해 진화해왔다는 것이다. 만약 움직이지 않고 한 곳에 머물러 있어도 음식물을 사방에서 찾을 수 있다면 굳이 뇌가 필요할까?

나무는 뇌가 없고, 고착(움직임이 없는) 상태의 동물 또한 마찬가지다. 그러나 움직이는 동물의 경우, 예를 들어 먹이나 짝짓기, 쉴 곳을 찾기 위해 움직여야 하는 생물체에는 뇌가 있다. 이 복잡한 세상에서 우리는 먹이와 쉴 곳, 짝짓기 대상을 찾거나 다른 포식자로부터 달아나기 위한 의도된 동작을 조절할 뇌가 필요하다. 뇌는 상태가 양호하고 안전하며 섭취 가능한 먹이를 선별하고, 그 음식물을 포획하거나 수확할 수 있도록 동작 명령을 내려야 한다.

운동성이 있는 유생 단계의 멍게는 움직임으로 인해 특

수한 생태적 지위를 차지하지만, 고착 상태에 이르면 그 지위를 상실하게 된다. 말미잘도 마찬가지다. 이와는 반대로 해파리는 고착 상태에서 벗어나 움직임을 시작한다. 인간 또한 이와 유사한 여정에 오르게 되는데, 무력하고 전혀 움직일 수 없는 상태로 태어나 기어 다니다가 마침내 일어나 걸음으로써 자율성을 확립하게 된다.

운동성이 있는 동물이라면 한 지점에서 다른 지점으로 움직이는 문제를 반드시 해결해야 한다. 해류를 따라 떠내려가는 것도 한 가지 방법이다. 더 활발한 움직임이 가능하다면 지느러미를 이용하여 물살을 가르며 수영하거나 해저에서 꿈틀거리고 기어 다니거나 팔다리를 이용하여 지면을 밀어내는 움직임을 취할 것이다. 세계 곳곳에서 발견된 오랜 진화의 역사를 살펴보면 다양한 해결책이 있었음을 알 수 있다. 멍게는 꼬리 부분의 리드미컬한 움직임이 만들어내는 추진력을 이용해 이동한다. 움직임의 또 다른 방법은 바로 걷기인데, 이는 신체를 쭉 뻗어 비교적 단단한 성질의 표면과 접촉하여 몸을 앞으로 밀며 전진하는 방법이다.

물과 지상에서 움직이는 방법들은 뼈에 붙은 연조직과 근육의 조합을 활용한다. 일반적으로 연조직은 화석화되지 않아 인류 화석의 기록에도 그 흔적이 남아 있지 않다. 역사적으로 진화 과정에 대한 이해는 화석을 재구성하고 다른 종 사이의 관계나 패턴 차이를 추론하는 방법을 통해 이루어졌다. 이 접근 방법에는 한계가 있는데, 그중 가장 중요한 이유는 뼈에 붙어 있는 조직이 남아 있지 않기 때문이다. 연조직이 없는 상태에서 그것이 어떠한 기능을 했는지 알아내는 것은 매우 힘든 일이다.

때로는 다른 종류의 화석이 발견되기도 한다. '걷는 이브Walking Eve'라 불리는 여인의 발자국 화석은 인간의 오랜 진화 역사의 재구성에 중요한 위치를 차지한다. 이 여인의 발자국은 심원한 시간Deep time에서 발견된 최초의 화석일 것이다. 이 화석을 통해 키, 몸무게, 보행의 형태뿐만 아니라 발의 모양에 대한 단서를 얻게 되면서 고대와 현대의 발자국을 비교할 수 있게 되었다. 이 화석은 11만 7천여 년 전 오늘날의 대서양 옆 남아프리카의 웨스턴케이프 주에 있는 바닷물 석호인 랑게바안 라군의 끝을 거닐던 젊은 여성이 남긴 유산이다. 현재 이곳은 고대의 모습과 크게 달라지지 않았을 것으로 추정된다. '걷는 이브'는 환경오염의 영향을 받지 않은 이곳에서 여전히 별자리의 위치를 알아보고 발을 디딜 때 모래의 감촉도 변한 것이 없다고 느낄 수 있을 것이다. 푸른 바다, 드넓은 모래사장과 멀리 있는 산들도 익숙하게 느껴지리라. 그녀는 진흙에 세 개의 발자국을 남겼고, 이는 곧 우연히 불어 닥친 모래폭풍으로 인해 영구 보존되어 까마득히 먼 후손들의 감탄을 자아냈다.

첨단 유전자 기술은 진화의 역사를 이해할 수 있는 새로운 방법을 제시하였다. 이 기술은 해부학 및 화석에 대한 심층적인 연구와 결합하여 현대 포유류의 걷기를 제어하는 유전자가 어떻게 출현했는지 추정할 수 있게 만들었다. 엘리엇이 《프루프록의 사랑노래》에서 "차라리 내가 조용한 바다 밑바닥에 허둥대는 야생의 집게발 한 쌍이었다면"이라고 말했을 때 그는 미처 깨닫지 못했겠지만, 사실은 실제와 비슷하게 표현한 것이다. 유전자 과학은 근육, 힘줄, 신경과 뼈의 발달과 패턴 조절을 통해 걷기를 관장하는 유전자 복합체가 이미 진화의 초창기 때부터 존재하고 있었다는 것을 밝혀냈다. 이러한 연구로 다음의 사실이 분명해졌다. 진화는 해결책을 찾더라도 이를 적용하는 데 있어서는 놀랍도록 보수적인 엔지니어라는 점이다.

땅 위에서든 해저에서든 걷기는 척수 신경 세포들의 제어 하에 리드미컬한 패턴으로 근육들이 순서대로 교차하며 이완과 수축을 반복하는 일련의 동작들이다. 포유류에게 걷기란 신근과 굴근의 조합을 통해 팔다리를 이완하고 수축하는 과정이다. 물고기들의 지느러미도 이와 유사한 방법으로 물속에서 헤엄친다. 그렇다면 이러한 표면적인 공통점에서 유전적 연관성의 단서를 찾을 수 있을까? 초기 진화 단계에서는 물고기와 포유류의 기본적인 운동 유전자 프로그램이 유사했지만, 운동 방식에 맞게 다르게 적용되어 발전했다는 사실이 점점 분명히 드러나고 있다. 두 종에 적용된 프로그램은 유사한데, 척수가 제어하는 회로에 의해 생물학적 '중앙 패턴 발전기'를 생성하여 리드미컬한 근육의 움직임을 만들어내는 것이다.

자연도태에 의한 진화는 모든 종 사이에 깊은 유전적 연결고리가 있다는 것을 시사하며, 이 유전적 연결고리는 움직임과 걷기의 제어로 확장된다. 단순한 예로 하나의 세포가 어떻게 작동하는지를 살펴보도록 하자. 단순한 기능적 단계에서 살펴보면 인간의 몸을 이루는 세포들과 지렁이, 물고기와 원숭이에 이르는 다른 다양한 종들의 세포들은 모두 유사한 문제를 해결해야 한다. 바로 생존을 위해 침입자(감염원)들의 침투를 막고, 영양분 손실을 막고, 노폐물을 제거하며 안정적으로 수분 균형을 유지해야 한다는 것이다.

여기서 우리는 운동능력을 조절하는 유전자 네트워크가 다른 다양한 종에서도 상당히 많이 보존되어 있다는 사실을 확신할 수 있다. 동물마다 외관(또는 표현형)이 매우 달라 보일 수 있으나 내부 유전적 설계(유전자형)의 관점에서 보면 상당히 유사하다. 이는 서로 다른 종들의 비슷한 기능을 통제하는 유전자를 살펴보고 서로의 유사성과 차이를 알아봄으로써 검증할 수 있다. 예를 들어 모든 육지 동물의 걷기를 관장하는 유전자는 유사한가라는 질문에 대한 답은 모든 육지 동물이 다리가 네 개인 사지동물에서 유래했으니 "그렇다"이다. 더 흥미로운 것은 육지와 해상과 같이 매우 다른 환경에서 서식하고 움직임이 다른 종들의 공통점에 대해 알아보는 것이다.

이 회로의 작동을 조절하는 유전자는 '혹스Hox 유전자'라 한다. 혹스 유전자의 가장 중요한 기능은 배아 발달 단계에서 신체의 각 부분이 만들어지는 순서를 조절하는 것이다. 서로 다른 종 간에도 이 유전자들은 너무나 비슷해 닭의 혹스 유전자를 성장하는 파리에 주입해도 파리는 완벽하게 정상적으로 발달한다. 두 종의 공통 조상이 6억 년 전에나 존재했음에도 불구하고 이러한 대체가 가능한 것이다.

한 선구적 연구에서 발달학 생물학자들은 일반적으로 '꼬마 홍어'라 불리는 작은 고슴도치 홍어Leucoraja erinacea의 지느러미와 쥐의 다리의 운동 세포 유전자 네트워크를 연구했다.[1] 꼬마 홍어와 쥐는 모두 어떻게 움직이고 이동하는가 하는 문제를 해결해야만 했다. 두 동물 모두 척수가 있으며, 이 척수를 따라 근육과 뼈의 패턴이 대칭을 이루고 있다. 당연히 쥐는 지느러미가 없고 꼬마 홍어는 다리가 없지만, 두 동물 모두 유연하고 쉽게 움직일 수 있다는 공통점이 있다. 쥐는 육지 위에서 걸어 다니고 꼬마 홍어는 뒷지느러미를 이용해서 해저를 걸어 다닌다. 꼬마 홍어는 쥐(인간도 포함)와 마찬가지로 보행을 위해 왼쪽과 오른쪽이 교대로 움직이는 방식과 이완과 수축의 패턴을 활용한다. 그러므로 두 종에게는 움직임을 제어하는 공통의 근본적인 유전자 체계가 있을 수 있다. 수영과 보행에 도움이 되기 위해서는 척수에서 뻗어 나온 다리와 지느러미는 대칭되는 형태로 양쪽 두 개씩 자라야 한다.

이 연구는 쥐와 꼬마 홍어의 마지막 공통 조상이 최소 4억 2천만 년 전에 존재했다는 사실을 말해준다. 이러한 유전자 네트워크는 대칭을 이루는 사지를 갖춘 쥐와 대칭을 이루는 지느러미를 갖춘 꼬마 홍어에서 모두 볼 수 있다. 이 유전자 네트워크는 완벽하게 완성된 형태여서 연관된 근육의 발현뿐만 아니라 척수에서 뻗어 나가는 신경을 부호화하여 근육 신경을 발달시킨다. 이와 함께 반복되는 상호자극과 제어의 패턴은 지느러미의 움직임과 쌍을 이루는 다리의 움직임을 통해 해저와 육지에서의 보행을 가능하게 한다. 이 유전자

회로는 오랜 진화를 거쳐 다른 형태로 변화했지만 종 전반에 걸쳐, 말 그대로 '보존'된다. 지느러미를 활용해 해저를 걸어 다니는 홍어부터 육지에서 사족보행을 하는 쥐 그리고 인간에 이르기까지 상상할 수도 없는 오랜 기간에 걸쳐 동일한 유전자 네트워크가 거미줄로 이루어져 우리를 한데 묶는다.

그리하여 보행에 필요한 유전자 프로그램은 매우 다른 두 종에서 모두 발견된다. 뿐만 아니라 꼬마 홍어와 쥐는 공동의 세포 메커니즘을 통해 몸의 운동을 지원하는 공동의 유전체 프로그램을 공유하고 있다. 바로 혹스 유전자 조절 프로그램이다. 이 연구의 결론은 팔다리의 움직임을 조절하는 유전자 네트워크가 바다 밑 혹은 육지 어디에서 보행하든 상관없이 대칭의 팔다리(또는 지느러미)를 가지고 있는 모든 동물들에게 공통으로 존재한다는 점을 분명히 말해준다. 따라서 육지에서의 보행을 가능하도록 하는 유전자가 물속에서 처음 출현했고, 이는 육지가 사지동물에 의해 지배되기 이전을 말한다.

그러므로 진화의 일반적인 원칙은 다음과 같다. 기존의 적응에 대한 자연선택과 변형 그리고 구조 형태학 관점에서 기본 요소의 보존이 가장 큰 기준이다. 리처드 도킨스가 말했듯 진화는 눈먼 시계공이며 보수적이라 제대로 작동하는 것은 상상하기 어려울 정도로 오랜 시간 동안 유지하고, 한 종에서 다른 종으로 옮겨가며 같은 공식을 반복적으로 사용해 확실히 이해 가능하며 예측할 수 있고 측정 가능한 규칙을 가진다.

이 모든 것을 아우르는 경이롭고 놀라운 걷기에 대한 이야기를 3억 8천만 년 전에 존재한 또 다른 동물을 통해서도 살펴볼 수 있다. 테트라포드Tetrapod(사지동물)는 최초의 네발 달린 척추동물이다. 뒷다리는 'peds', 앞다리는 'mans'라는 기술적 용어가 붙여졌다. 사지동물 보행렬은 랑게바안 라군Langebaan Lagoon에서 보존된 인간 발자국의 흔적과 유사한 형태로 사지동물의 보행 패턴이 보존된 흔적이다. 사지동물의 보행렬은 매우 찾아보기 힘든데, 1992년 스위스에서 지질학을 전공하는 이완 슈튜셀Iwan Stössel이라는 학생이 아일랜드의 케리 주 해안 맞은편 발렌시아 섬에서 발견했다.

사지동물의 보행렬은 스켈릭스Skelligs라고 불리는 작은 섬들을 바라보는 아주 아름다운 곳에서 발견되었다. 우리가 방문한 날, 폭풍으로 인해 높은 파도가 바위에 세차게 부서지고 있었다. 단순해 보이는 철조망이 발자국을 둘러싸고 있었고 현장은 사지동물의 그림이 있는 표지판으로 표시되어 있었다.

여러 방향으로 수 미터 길이로 이어진 발자국 행렬은 실로 장관이었다. 가설은 다음과 같다. 이는 3억 8천만 년 전 사막화가 진행되던 강바닥의 가장자리를 걸었던 테트라포드의 발자국이다. 다양한 계산법을 통해 이 동물은 길이가 대략 1미터였던 것으로 파악된다. 이 사지동물이 남긴 흔적은 발자국이 보존되었을 당시 어떠한 활동을 하고 있었는지에 대한 단서를 그다지 많이 남기고 있지 않다. 우리는 단지 햇빛을 받으며 느린 걸음으로 즐겁게 거닐고 있거나 먹잇감을 조용히 쫓아다니고 있었을 거라 추정할 수밖에 없다. 그래도 이렇게 오래된 연대의 발자국을 살펴보는 것은 스스로를 매우 겸허하게 만드는 경험이며 지구에서 살아가는 모든 종들의 연관성에 대해 생각해보게 한다. 특히 이 동물은 척추동물이라는 점 외에도, 육지에 서식하고 보행이 가능하여 걸어 다니고 느릿느릿 걷기도 하고 뛰어다니기도 하는 다른 척추동물들과 공통점이 뚜렷하다. 따라서 이 동물의 후손이 일어나서 직립보행할 것이라는 발상도 충분히 상상 가능한 일이다. 특히 움직임을 조절하는 유전자가 고대의 공통적 인간 조상에도 있었다는 점이 명백해진 지금은 더더욱 그러하다.

*

우리가 인류의 기원에 깊이 매료되어 있는 것은 어쩌면 당연한 일이다. 우리는 친척이 누구며 조상이 누구인지에 대한 깊은 관심을 가지고 있다. 또한 가까운 사촌 격인 침팬지, 오랑우탄과 같은 비인간 영장류를 인격화하며 동일시한다. 우리는 침팬지와 매우 가까운 사이다. 이 점을 잘 알기에 침팬지를 이용한 동물실험과 사냥을 금지하는 법을 만든 것이다. 침팬지와 인간의 해부학적 구조를 살펴보면 신체 구조와 기능상 서로 매우 밀접한 관계가 있고, 동시에 차이점도 분명히 있다. 인간과 침팬지의 게놈은 매우 깊은 유전적 단계에서 몇 퍼센트도 되지 않는 아주 작은 차이로 갈린다.

그러나 두 종간의 두드러진 차이점 또한 많이 있다. 영장류 계열 중 인간은 '절대적' 직립보행을 한다는 점에서 독특하다. 인간은 안정적으로 기어 다니는 자세에서 시작하여 태어난 지 얼마 안 된 몇 달 이내에 허리를 세운 보행 자세로 전환하며, 부상 위험이 있어도 이 자세를 유지한다. 인간의 직립보행은 독특한 형태를 가지고 있다. 우리가 똑바로 서 있다는 것은 척추가 손과 발이 딛고 있는 땅과는 거의 수직 상태 손을 자유롭게 움직일 수 있다는 것이다. 진화론적 관점에서 인간의 혈통은 극도로 복잡하고 어느 정도 분명하지 않아도, 직립보행과 관련된 중요한 질문에는 지난 수십 년 동안 빠른 속도로 해답을 찾을 수 있게 되었다. 걷기는 우리를 진화 여정에 연결시킨다. 바로 손은 자유롭고, 머리를 위로 치켜들며, 허리가 땅과 수직인 상태에서 행하는 직립보행으로의 여정이다.

현존하는 영장류 중 인간처럼 직립보행을 하는 종은 없다. 침팬지, 오랑우탄을 비롯한 기타 다른 유인원들은 당연히 직립보행을 하지 않지만 자신을 남에게 드러내거나 주변을 경계하거나 먹이를 찾기 위한 목적으로 뒷다리를 피고 상체를 꼿꼿하게 하는 것이 가능하고, 또 실제로 그러한 자세를 취한다. 뿐만 아니라 그들은 보통 네발을 이용하여 뛰거나 걷는데, 이러한 이동 형태는 직립보행보다 효율성은 감소되고 에너지 소모는 증가된다. 인간은 침팬지와 비교하면 같은 칼로리 양으로 대략 두 배 이상의 거리를 걸을 수 있는데, 결과적으로 인간이 같은 양의 음식으로 훨씬 더 많은 면적을 활보할 수 있음을 의미한다. 인간의 직립보행은 우리와 가장 가까운 영장류의 보행 형태보다 훨씬 더 경제적인 것이다. 물론 우리와 사촌 격인 영장류의 보행능력은 그들이 차지하고 있는 생태학적 위치에 매우 잘 어울린다. 대다수의 영장류는 나무 타기에 매우 능숙하며 인간들이 접근하기 어려운 위치의 나뭇

가지 끝에 매달린 열매를 딸 수 있다. 또한 그들이 일반적으로 취하는 앞으로 기울어진 자세는 영양분 섭취를 위해 땅에 떨어진 과일, 열매와 간혹 작은 동물 등과 같은 먹이를 찾는 데 매우 적합하다.

인간은 중립적인 위치에 있다. 즉, 땅 위에서 먹을 것을 수집하고 나무에서 열매도 따 먹을 수 있다. 그리고 다른 종을 사냥할 수 있도록 다른 영장류보다 더 진화되어 있다. 특히 초식동물(식물을 섭취하는 동물)을 선호하여 이 동물들이 지칠 때까지 쫓아 다니며 사냥하는 '퍼시스턴스 헌팅Persistence hunting'에 특히 더 진화되었다. 직립보행을 통해 진화한 인간의 또 다른 능력은 달리기다. 우리는 특히 체온과 비슷한 환경에서 적당한 속도의 중·장거리 달리기가 가능하다. 달리기는 열을 발산하고 에너지를 소모하여 달리는 이에게 땀을 통해 체온을 낮출 수 있도록 충분한 물을 마실 것을 요구한다. 인간은 대체적으로 체모가 적어 걸을 때 (체온 상승과 에너지 사용의 관점에서) 저비용으로 먼 거리를 횡단할 수 있다. 대부분의 다른 종들은 달리기를 통해 상승한 체온을 떨어트리기 위해 잠시 쉬며 공기를 크게 들이마시고 빨리 내뱉어 체온을 내려야 한다. 이들의 이러한 특성 때문에 인간들은 동물을 사냥할 수 있는 것이다. 인간은 도망치던 동물이 체온을 식히기 위해 잠시 쉴 때를 노려 포획해 도축한 후, 마을 모닥불 위에 올려 숯불구이를 만들어 먹는다. 이는 우리와 가까운 영장류 중 어느 종도 하지 않는 특별한 행위다.

인간은 먹을 것을 찾는 데 뛰어난 능력을 보인다. 식물의 뿌리나 줄기, 과일, 열매, 햄버거 등을 아무런 불편 없이 우아하게 손으로 집어 들 수 있고 먼 거리를 이동할 수 있다. 또한 걸으면서 동시에 먹을 수도 있다. 멀리 지평선을 바라보며 걸으면서 동시에 먹고 있을 때 목구멍의 위치는 음식물이 쉽게 위장으로 내려갈 수 있게끔 되어 있는데, 이는 다른 동물에게서 찾아볼 수 없는 진화한 모습이다.

달리기와 걷기 또한 밀접하게 연관되어 있다. 인간은 특별히 빠르게 달리지는 못하며 단거리에서 호랑이와 가젤과 같은 다른 종들에게 뒤처진다. 반면에 걷기에서는 그 어떤 종에 비해서도 탁월한 능력을 보인다. 이것이 바로 인간이 지구 위에 아주 광범위하게 퍼지게 된 비밀 열쇠다. 인간은 모든 동물들 중 가장 넓게 확산된 종으로, 지구의 북극단과 남극단 그리고 그 사이에 있는 거의 모든 지역에서 살고 있다. 걷기는 우리가 살고 있는 지구를 탐구하고 경계를 더욱 확장할 수 있게 했다. 간혹 배를 타고 위험한 여정을 통해 인근에 있는 섬으로 이동하기도 했지만 이후엔 역시 걷기를 통해 탐험을 계속 이어갔다.

걸어서 새로운 곳으로 이주하는 작은 그룹들에 의해 처음으로 집단 거주가 생겨났다. 결국 걷기는 사회성을 그 중심에 담고 있는 것이다. 아프리카에는 다음과 같은 속담이 있다: "빨리 가고 싶으면 혼자 가라. 멀리 가고 싶으면 함께 가라." 하루 5킬로미터의 느린 속도로 걷는다면 (가족 단위의 경우 하루 최대 5시간 이상 걷지 못할 것이다) 300일 동안 1,500킬로미터를 이동할 수 있다. 몇 년간 이 속도로 이동한다면 수천 킬로미터를 걷게 되는 것이다. 지구에서 육지를 가로지르는 가장 먼 거리는 대서양과 접한 아프리카 라이베리아의 서해안에서 서태평양 해안과 접한 중국까지 13,589킬로미터인데, 이 속도로는 9년이면 걸을 수 있다는 계산이 나온다. 하루 20킬로미터로 속도를 높이고 일년에 300일을 걸으면 2년이 걸린다. 여러 세대를 거쳐 인간은 걸어서 건널 수 있는 지형이나 좁은 수로, 심지어 원시적인 형태의 배를 타고 섬에서 섬으로 움직이는 방법을 통해 어디든 이동할 수 있게 되었다.

호모 사피엔스는 6만 년 전 즈음부터 아프리카를 벗어나기 시작했다. 이스라엘을 비롯한 여러 장소에서도 타 지역으로 확산했다는 증거가 발견되었지만 구체적인 증거가 되는 완벽한 형태의 화석이 부족한 상황이다. 따라서 아프리카에서 여러 장소로의 확산과 역사적으로 다른 인간 종들과의 교배 여부가 활발하게 연구되고 있다.

인간 화석의 기록은 매우 다양하고, 상당 부분 미완의 상태로 남아 있다. 직립보행이 까마득한 과거의 어느 시점에 최종적으로 완벽한 상태의 모습으로 등장했는지는 정확하게 알려져 있지 않다. 그러나 차드나 케냐를 비롯한 다른 아프리카 국가에서 수집된 6~700만 년 이전의 화석 표본들은 직립보행의 증거를 찾아볼 수 있다. 에티오피아에서 발견된 초기 인류 조상인 '아르디 화석'Ardipithecus ramidus 또한 직립보행을 했음을 추정할 수 있는 단서다. 이 화석의 키는 1.3미터 정도다. 루시Lucy로 알려진 유명한 여성 화석은 대략 310만 년에서 320만 년 전 것으로 추정된다. 루시는 오스트라피테신류Australopithecine로 골반 모양을 비롯하여 인간과 매우 유사한 해부학 구조를 지녔다. 호모 사피엔스는 이와 뚜렷이 구분되는 종이며 30만 년 전에 출현했다.

인간은 직립보행을 하기 위해 머리에서 목, 척추, 골반, 다리, 발로 이어지는 신체의 긴 축에 변화가 필요했다. 각각의 신체 부분들은 효율적인 직립보행을 위해 반드시 수직 위치에 있어야 한다. 뇌와 두개골의 위치를 생각할 때, 골반 위치와 방향을 함께 생각하는 것이 도움이 될 것이다. 뇌, 두개골 그리고 골반은 척수로 연결되어 있고, 동시에 척추뼈는 척수를 보호하고 있다. 조금 더 수직 방향을 유지하기 위해 척수의 상대적 위치 변화는 반드시 두개골과 골반의 위치 변화를 대동한다. 두개골 하단에는 원 모양의 큰 구멍(대공)이 있는데 이를 통해 척수가 몸 전체로 신경을 분포하고 골반의 골기질 안에 최종적으로 위치하게 된다. 거의 수직에 가까운 척수 방향은 우리가 바닥과 직각의 바른 자세로 서 있을 수 있게 한다. 다른 종들은 대공이 더 뒤를 향하거나 후방에 위치하고 있다. 땅과 평행을 이루는 척수가 있는 사지동물의 대공은 두개골의 맨 뒤쪽에 위치한다.

영장류의 대공은 그에 비해 상대적으로 상당히 많이 이동했고, 인간은 특히 더 그러하다. 대공의 위치 변화가 없었다면 직립자세는 거의 불가능하거나 장시간 유지하기 힘들 것이다. 또한 인간의 일상적인 직립보행은 불가능할 것이다. 그리하여 직립자세로 서 있고 보행하는 것은 척수 상단 부분에 위치한 뼈와 하단 부분에 위치한 뼈의 상대적 변화가 수반된다. 상단은 척수가 뇌의 아래 부분에서 나올 수 있게 하고, 하단은 척수가 골반뼈에 기반해서 적절한 수직 위치에 자리 잡을 수 있게 한다.

인간의 직립보행은 가끔 직립보행하는 기타 다른 종(쥐,

새, 유대류 동물 등)과는 차이를 보이는데, 발달 단계 초기에 기는 자세에서 너무나 빠르게 직립보행으로 전환한다는 것이다. 인간의 발과 발목은 고유의 직립보행을 돕기 위해 진화되었다. 우리는 나무 위에 사는 동물이 아니어서 나무를 타거나 그와 같은 활동을 위해 엄지발가락이 측면에 위치할 필요가 없다. 과도기적 직립보행의 형태를 보이는 종들도 많이 있는데, 곰과 유인원 등은 과시와 공격 또는 수비를 위해 머리를 치켜들고 뒷다리로 서는 자세를 취한다. 어떤 동물들은 먹이를 찾기 위해 일어서기도 하고, 미어캣과 기타 다른 종들은 포식자들을 경계하기 위해 뒤쪽에 중심을 둔 자세로 선다. 그러나 이 동물들의 두발로 선 자세는 그 순간 겪고 있는 문제를 해결하기 위한 것뿐으로 직립보행이라고 부르기는 힘들다. 걷기는 인간의 필요에 따라 소, 개, 양, 말, 낙타와 같은 다른 종을 포획하고 길들이는 것을 가능하게 했다. 특히 소는 오랜 시간에 걸쳐 인간의 필요를 뚜렷하게 반영하는 상호적응의 양상을 보인다. 오늘날의 소는 자신의 먼 조상에 비해 우유를 더 많이 생산하고 고기를 더 만들어낼 수 있게 되었다.[2]

직립보행은 머리의 모양과 위치로부터 밑으로 쭉 내려와 발가락의 상대적 길이와 위치에 이르기까지 우리 몸의 축에 변화를 가져온다. 인간의 발은 모양이 변형되었고, 발목은 이제 훨씬 더 무거운 무게를 견딜 수 있게 되었다. 최근의 과학 연구는 지난 수 천년 동안 인간의 발이 물건을 집을 수 있는 형태인 엄지발가락이 엄지손가락과 유사한 위치에 있어 손과 같은 기능을 하는 형태에서 장거리 보행 또는 달리기에 보다 적합하도록 발가락이 앞쪽에 있고, 전방으로의 탄력성 있는 움직임을 선호하는 아치형 발 모양으로 변형되었다는 것을 보여준다. 랑게바안 라군에서 발견된 '걷는 이브'의 발자국들은 현대 인간들의 직립보행과 비슷한 형태를 보여주고 있다.

인류와 침팬지의 중요한 차이점은 인간이 침팬지를 포함한 기타 다른 모든 유인원들보다 훨씬 더 멀리 걸을 수 있다는 점이다. 더 먼 거리를 걸을 수 있는 능력은 보행 시 에너지를 어떻게 소비하고, 휴식 시 에너지를 어떻게 보존하는지에 대한 변화가 존재함을 의미한다. 그런데 이 변화가 어떻게 일어났고 점차적으로 진화하며 먼 거리를 걸을 수 있는 능력을 어떻게 활용할까. 먼 거리를 걸을 수 있는 능력과 직립보행이 서로 관련이 없다고 생각하기는 힘들 것이다. 인류의 직립보행 기술이 더욱 심화됨과 동시에 이동 반경도 더욱 넓어졌으며, 이는 다시 직립보행하기 용이한 여러 가지 진화론적 선택을 강화했다. 늘어난 활동 반경으로 먹을 것을 구하고 쉴 곳을 찾아 에너지를 충분히 비축한 후 다른 곳에 소비할 수 있게 되었는데, 가장 두드러진 것은 유년기 연장, 출생 후 뇌의 발달과 번식을 들 수 있다.

직립보행을 가능하게 한 유전자 변화는 지난 수천만 년 동안 동아프리카의 그레이트리프트 밸리Great Rift Valley에서부터 발현하여 인간이 독특한 형태로 퍼져 나가는 데 큰 몫을 했다. 처음에 인류는 아프리카 대륙 전체로 뻗어 나갔고 유라시아의 넓은 땅으로 건너가 결국 아메리카 대륙과 아시아 태평양 지역 그리고 오스트랄라시아Australasia까지 넓게 퍼져 나갔다.

*

인간의 진화론적 여행은 여러 방면에서 족적을 남겼다. 우리는 허리를 곧게 세워 걸을 수 있고 자유롭게 움직이고 사용할 수 있는 손이 있어 먹을 것을 찾는 데 매우 능숙하다. 우리의 진화론적 유산은 우리가 얼마나 많은 활동을 하는지와 어떻게 에너지를 보존하는지 사이에서 기막힌 균형을 잡도록 한다. 인간은 다른 동물들과 마찬가지로 에너지(먹이)를 보존하기 위해 노력을 하며 움직인다. 먹을 것을 찾으며 축적된 에너지를 사용한다는 것은 매우 중요한 진화론적 타협점이다. 에너지 소비와 에너지 보호, 에너지 축적 사이의 밸런스 조절,

즉 음식물을 발견하고 수확하는 데 최소한의 노력을 들이는 것은 진화를 통해 변형된 중요한 가치이나 오늘날 현대사회에선 부적응의 결과를 낳았다. 우리는 주로 산책을 하며 에너지를 소비하거나 그냥 앉아 있거나 누워 있는 상태에서 에너지 보존하는 매우 위태로운 균형을 이루고 있다. 활동량, 음식물 섭취와 체중 간의 관계는 복잡한데, 이는 체중이 일정 수준에 도달했을 때 안정적으로 유지하기 위한 많은 피드백 메커니즘이 작용하기 때문이다.

치마네족Tsimane과 같은 수렵-채집인은 매우 먼 거리를 걸어 다니는데, 손에는 무기나 도구를 들고 어린이들을 안고 먹을 것과 마실 것을 찾아다닌다. 체중과 활동량의 관계에 대한 문제에 접근하는 한 가지 방법은, 여전히 과거 수렵-채집인과 같은 생활을 하며 많이 걸어다니는 원시부족이 현대인들에 비해 어떤 다른 요소들을 가지고 있는지를 알아보는 것이다. 접근성이 용이한 곳에는 수렵-채집인들이 많이 남아 있지 않지만, 현대 수렵-채집인들의 삶을 살펴보면 과거 우리 조상들이 활동했던 모습을 엿볼 수 있다. 현대인들 중 먹거리를 구하기 위해 먼 거리를 걸어 동물을 쫓아 사냥하는 이는 많지 않을 것이다. 또한 뿌리 식물과의 열매를 찾기 위해 땅을 헤집고 다니거나, 마실 수 있는 물을 찾기 위해 매일 많은 시간을 할애하지도 않는다.

진화론 생물학자들의 연구 대상이 되었던 현대 수렵-채집인 집단은 탄자니아 북부 지방의 하즈다족Hazda이다.[3] 연구학자들은 이 수렵-채집인의 걷기와 활동량, 체중 간의 관계를 북미와 유럽의 인구 통계학적 표본과 비교 연구했다. 우리는 수렵-채집인 집단에서 수집된 데이터를 통해 최근 수십 년간 인간에게 어떠한 변화가 있었는지 살펴볼 수 있을 것이다. 우리의 식단이나 활동량이 변했을까? 아니면 둘 다 변했을까?

하즈다족은 전통적인 수렵-채집인에 가까운 삶을 살고 있다. 남성들은 장거리를 끈질기게 달리며 동물을 추격하여 덩치 큰 동물을 창과 화살로 사냥하고, 여성들은 과일, 열매, 뿌리 식물과 꿀 등을 채집한다. 이 연구에서는 30명의 하즈다 부족민들에게 GPS 위치 추적 장치를 부착, 키와 몸무게, 하루 섭취 및 소비 칼로리를 기록했다. 일부 연구 결과는 예상했던 바였다. 하즈다족의 남성들은 하루 평균 대략 11킬로미터를, 여성들은 약 6킬로미터를 걸었다. 그들의 평균 체지방율은 서구인 평균의 60퍼센트 정도로 비만으로 측정된 하즈다 부족민은 없었다. 매일 에너지 소비량을 측정했을 때, 체지방과 체중을 감안하면 하즈다 부족민들과 서구인들의 소비량은 비슷했다. 이는 활동량에 따라 측정해도 동일한 결과가 나왔고, 남성과 여성을 따로 측정해도 동일했다. 하즈다 부족민들이 하루 일과를 통해 서구인들보다 평균적으로 더 많은 에너지를 소비할 것이라 예상했지만 반대의 결과가 나온 것이다. 대신 그들은 에너지를 덜 소비했다. 즉, 음식을 덜 섭취했다.

움직인다는 것은, 그것이 걷기이든 사이클링, 달리기, 수영이든, 모두 에너지를 필요로 한다. 에너지가 투입되고 필요에 따라 저장되고 소비되는 것이다. 인간은 어떠한 움직임에 소비되는 에너지를 최소화하는 데 있어 매우 탁월한 능력을 갖고 있다. 일반적으로 인간의 직립보행은 에너지 소비를 자동적으로 최소화하는 동시에 걷는 거리를 최대화한다. 우리는 경험에 의해 주어진 에너지로 움직임의 양을 극대화할 수 있는 속도에 맞춰 걸음을 조절하는 것으로 보인다. 연구 관점에서 본다면 이를 어떻게 증명할 수 있을까?

하나의 방법은 보행을 쉽거나 어렵게 할 수 있도록 기계적 조절이 가능한 장치인 외골격Exoskeletons을 다리에 장착하는 것이다. 이 외골격의 다양한 세팅을 통해 인간이 어떻게 걷기 위해 소비하는 에너지를 최소화하는 특정 보행 패턴에 적응하는지를 테스트할 수 있다. 만약 외골격이 보행에 도움을 준다면, 우리는 특별히 노력을 들이지 않고도 걸을 수 있는 보행 방법으로 재빠르게 전환할 수도 있다. 즉, 기계가 힘든 노력을 대신해주는 셈이다. 마찬가지로 외골격이 보행을 힘들게 한다면, 우리는 더 많은 에너지를 들여 걷게 되겠지만, 결국 최소한의 에너지로도 걸을 수 있는 방법에 정착할 것이다.

스탠퍼드대학교의 신경공학자 제시카 셀린저Jessica Selinger와 동료들은 앞서 언급한 것처럼 실험 참가자들의 다리에 관절이 설계된 외골격을 장착, 인간이 걸을 수 있는 가장 효율적인 보행 방법을 체계적으로 연구했다.[4] 피실험자들은 산소 마스크를 착용하여 산소 흡수량과 배출량VO2 max을 측정했다. 외골격은 피실험자의 걸음 횟수에 따라 다리에 저항 강도를 조절할 수 있도록 설계되었다. 피실험자들은 속도 조절이 가능한 러닝머신에서 걸었다.

실험 참가자들은 강제로 조정된 걸음걸이 패턴에 대체적으로 몇 분 안 되어 신속하고 재빠르게 적응했고, 새로운 최적의 걸음걸이에 적응이 되면 에너지 소비가 최적화되었던 이전의 걸음걸이로 매우 재빠르게 다시 재조정할 수 있었다. 이 연구로 인간은 최적의 걸음을 도와주는 효율적인 걸음걸이를 선뜻 받아들이고 에너지 소비를 최대한으로 절약하는 방법으로 이를 적용한다는 것을 알게 되었다. 이러한 적응 반응은 매우 신속하게 이루어지는데 산소 수치나 근육 변화와 같이 다른 체내 감지 요소들의 변화보다 훨씬 더 빠르게 일어났다.

보조 로봇 외골격을 착용하면 에너지 소비를 최소화할 수 있겠지만 이보다 더 근본적인 문제가 있다. 당신은 체육관의 러닝머신 위에서 아주 오랫동안 뛴 후 집에 돌아와 소파에 앉아 일종의 보상으로 휴식을 취한다. 오늘 운동을 했다는 사실에 상당한 만족감을 느끼겠지만, 오히려 체육관에 가지 않았을 때보다 활동량이 더 적을 수 있다. 진화론적 관점에서 보자면, 장거리 사냥 후 다음을 위해 신체가 효과적으로 당신을 쉬게 만드는 것이다. 운동이 불러오는 비활동성은 일반적인 사고에 혼란을 가져온다. 우리는 운동과 집안일 등을 통해 칼로리를 섭취한 만큼 소비해야 한다. 만약 운동과 집안일에 필요한 칼로리보다 더 많이 섭취하게 된다면 체중이 증가할 것이다.

이와 관련된 기타 연구들은 중요한 시사점을 제공한다. 활동량이 늘어나면 신체가 피로를 느끼고, 그 후 활동을 줄이는 방법으로 행동 및 생리학적 메커니즘이 진화했기 때문에 단순히 운동량을 증가하는 것만으로 비만을 해결할 수 없다는 것이다. 에너지 소비의 증가가 반드시 체중감소와 체중 유지로 이어지지는 않는다. 이때 필요한 것은 에너지 섭취와 소비에 대한 철저한 기록인데, 신체가 에너지 섭취와 저장 그리고 소비 균형을 어떻게 이뤄내는지 알아야 한다. 인간은 잡식

성 동물이다. 우리는 먹을 것을 찾아 사냥도 하고 이를 통해 다양하고 독특한 식단을 차린다. 음식 재료에 있어서 유연하고 다양한 방법으로 먹을 것을 찾아내고 조리한다는 것은 변화와 적응에 상당한 이점으로 작용한다. 음식을 찾은 그 자리에서 바로 먹을 수도 있고, 걸어 다니면서 먹을 수 있으며, 또는 음식을 사서 집으로 돌아와 다양한 방법으로 요리할 수도 있다.

고지방, 고당분, 고칼로리 식품은 서구의 시장 경제에서는 쉽게 찾을 수 있으나, 하즈다 부족은 쉽게 구할 수 없다. 그러므로 하즈다 부족의 활동량과 비슷하게 활동량을 끌어올린다고 하더라도, 전 세계를 괴롭히는 비만 문제가 간단하게 해결되진 않는다. 오히려 비만 확산과 관련된 문제들을 줄이기 위해서는 우리가 소비하는 칼로리의 종류, 질, 양 등을 조절하는 것이 공공정책의 주요 내용이 되어야 한다. 다시 말하자면, 나는 움직이는 것에 반대하거나 일반적인 활동량 증가의 필요성에 대해 반론을 제기하는 것이 아니다. 활동적인 것이 비활동적인 것보다 신체의 모든 기관에 더 좋다는 것은 자명한 사실이다. 그리고 이 움직임을 매일 또는 매주, 매년 평생 규칙적으로 많이 수행한다면 더욱 좋다. 비만을 억제하는 데 있어 몸을 움직이는 것이 매우 중요한 역할을 하는 것은 맞지만,

이 역할은 일부에 지나지 않는다. 나머지는 얼마나 많은 에너지를 섭취하는가에 달려 있다.

움직이는 것 자체가 본질적으로 유익하다면 누구나 정기적인 운동을 통해 쉽게 신체적 변화를 이끌어낼 수 있을까? 하버드대학교의 진화론 생물학자 다니엘 리버만Daniel Lieberman 교수는 신체적 활동이 가지고 있는 독특한 관계에 대해 중요한 진화론적 관점을 제시한다. 즉, 운동은 유익하지만 우리는 에너지 보존을 위해 운동을 회피하려 한다. 그것이 인간의 진화와 관련이 있다. 최근까지도 인간은 살기 위해 몸을 부지런히 놀려야 했으며 먹을 것은 그리 많지 않았다. 리버만에 따르면, "인간은 늙을 때까지 정기적이고 적당한 양의 지구력과 신체적 활동에 적합하도록 진화해왔다. 그 이유는 음식물에서 얻는 에너지는 제한적이었고 인간은 불필요한 에너지 소비를 피하는 쪽으로 진화했기 때문"이다.[5]

다음 사례를 살펴보자. 국민의 건강과 영양을 책임지는 많은 국가기관들이 하루 열량 섭취량을 여성은 평균 2천 칼로리 이하, 남성은 2,500칼로리 이하로 제안한다. 편의상 국민의 하루 권장 섭취량을 2,400칼로리라고 한다면, 이는 자는 시간과 깨어 있는 시간을 모두 합해서 평균 칼로리 연소율이 시간당 100칼로리임을 의미한다. 소비된 칼로리는 신체의 모든 요구사항을 충족해야 하고, 호흡, 걷기, 사고, 소화, 분비물 배출 등도 이에 포함된다. 음식물도 완전히 소화되어야 하고 머리카락부터 발끝까지 영양분이 전달되어야 한다. 섭취한 음식을 소화하기 위해서도 에너지(칼로리)가 필요한데, 에너지 밀도가 낮은 고섬유질 식품이 높은 열량의 식품보다 소화할 때 더 많은 에너지를 요구한다. 신체는 생존을 위해 열생산을 해야 하고, 노폐물을 내보내야 한다. 호흡 시 이산화탄소는 숨을 내쉬어 내보내야 하고 소화 활동으로 만들어진 음식물 찌꺼기는 배출되어야 하고 필요 이상의 수분은 땀과 소변으로 배출되어야 하는 것이다. 필요 이상의 칼로리 섭취는 초과 에너지가 어딘가에 반드시 저장되어야 한다는 것을 의미하는데, 이는 곧 지방이 된다.

하즈다족 또는 치마네족 같은 수렵-채집인들을 제외하면 우리는 매일 먹을 식량을 찾기 위해 많은 시간을 들이며 돌아다니지 않는다. 스마트폰 위치추적 데이터는 오늘날 우리의 활동반경이 매일 평균 수천 보 정도로 제한적이라는 것을 보여준다. 우리는 이렇게 보잘것없는 걸음 수보다는 더 많이 움직여야 하고, 또 할 수 있다. 칼로리 섭취, 운동과 체중 사이에 직접적인 연관관계가 있지는 않다. 그러나 분명한 것은 몸을 많이 움직이지 않는 라이프스타일로 인해 생기는 건강과 관련된 문제점을 해결하는 데 운동이 중요한 역할을 한다는 것이다. 그리고 이 책의 핵심 메시지 중 하나는 매일 밖으로 나가 많이 걸어 다니라는 것이다. 그렇게 하면 당신도 모르는 여러 가지 방법으로 보상을 받게 될 것이다.

3

걷기의 메커니즘

걸음마를 배우는
영아는 평균적으로 2,368걸음으로 701미터를 걷고
한 시간에 17번 넘어진다.
약 1년의 시간 동안 영유아들은 수천 번 걷고,
수천 번 넘어지는 과정을 통해
실패와 연습에 대한 피드백을 쌓으면서
넘어지는 횟수를 줄인다.

걷기는 세상에서 가장 자연스러운 일이다. 그러나 실제로 우리는 어떻게 한발 그리고 그 앞에 다른 발을 그렇게도 확실하게, 규칙적으로, 리듬감 있게 내딛는 것일까?

걷기, 달리기, 피하기, 움찔하기 등 움직임에 대한 판단은 뇌에서 시작된다. 이는 상하향식 과정으로 "위험해! 얼른 숨어"와 같은 긴급한 외부 신호 또는 "너무 많이 먹었어. 이제 좀 걸어야겠어"와 같은 내부 신호로 이루어지는 결과물이다. 걷기는 두뇌의 의사결정체계와 운동 조절 시스템에서 상하향식으로 움직이라는 지시를 전달하고, 필요로 하는 움직임에 대한 신호를 보낸다. 규칙적인 박자로 패턴 생산의 임무를 맡은 척수의 국부회로는 지시사항을 처리한다. 이는 자동차 키가 보내는 신호라고 생각하면 된다. 시동을 켜면 엔진이 작동하지만 다시 시동을 끌 때까지 자동차 움직임이나 엔진의 실질적인 운영에는 영향을 미치지 않는 것처럼 말이다.

이는 매우 복잡한 메커니즘들이고 많은 훈련과 연습을 요한다. 결과적으로 어린 아이들은 오랜 기간 기어 다니고 일어서고 균형을 잡기 위해 노력하며 태어난 지 11~12개월 정도 돼야 독립적으로 움직일 수 있게 된다. 걷는 방법을 터득하는 것은 개인의 자율성 발달에 매우 중요한 사건이며, 또한 두뇌 발달에서도 획기적인 단계다.

인간은 태어나자마자 걷지 못한다. 방금 태어난 망아지는 뒤뚱거리며 바로 일어설 수 있는데, 이는 인간과 비교하면 신기할 정도로 빨리 걷는 것이다. 그럴 수밖에 없지 않을까? 새끼 가젤은 허기진 사자들에게 너무나도 손쉬운 먹잇감이기 때문이다. 태어나자마자 움직일 수 있는 동물들은 먹잇감이 되는 것을 피해 살아남아 우성의 유전자를 후대에 물려주게 된다. 그리하여 또다시 진화라는 거대한 톱니바퀴의 홈이 맞물려 돌아가는 것이다.

그러나 인간은 걷기 능력을 가지고 태어나는 것이 아니라 '걷기 성향'을 가지고 태어난다. 우리는 경험을 통해 평생 걷기를 가능하게 하는 놀라운 메커니즘을 배워야 한다. 걷는 방법을 배우는 것은 말하기, 보기, 듣기를 배우는 것과 같다. 이러한 인간의 놀라운 능력은 기억을 통해 학습되는 것이 아니다. 우리는 걷는 방법을 배운 기억이 별로 없다. 넘어져서 아팠던 기억이 있거나 주위로부터 넘어져서 다쳤다는 얘기를 들었다는 것이 더 정확할 것이다.

아동발달에 대한 학술지나 육아서들은 우리에게 아기가 어떻게 걷게 되는지 자세하게 말해주지 않는다. 걷게 되는 나이나 몇 세까지 각 발달단계를 거쳐야 한다는 등의 정보는 있다. 하지만 이런 책들은 발달단계별로 어떻게 전환하는지, 또한 안정적으로 쉽게 기어 다니던 아이가 왜 본질적으로 더 불안정한 자세로 기우뚱거리며 걷기 원하는지 설명해주지 않는다.

발달 심리학자인 카렌 아돌프Karen Adolph와 동료들은 아기들이 어떻게 비교적 짧은 기간 안에 기어 다니는 과정에서 능숙하게 걸어 다니는 과정으로 전환하는지에 대해 아주 자세하게 연구했다. 이 학자들은 '걷는 방법을 어떻게 배우는가?'라는 간단한 질문에 대해 다음과 같이 매우 우아하고 아름답지만, 동시에 복잡한 의미를 내포하는 답변을 내놓았다. 바로 수천 번 걸음을 내딛고, 그리고 매일 수십 번 넘어지면서 걷는 방법을 배운다는 것이다.

아이에게 걷기를 말로 가르친다고 상상해보자. "자, 하루에 수천 번 걸어보렴. 아마 수천 번 넘어지게 될 거야. 아,

그리고 이렇게 넘어지는 것을 교훈 삼아 어떻게 하면 넘어지지 않게 되는지 스스로 터득하렴." 이러한 대화는 상상도 못할 것이다. 또는 걷는 로봇에 탑재되는 컴퓨터 프로그램을 만든다고 상상해보자. 이 또한 골치 아픈 문제다. 어디서 시작해야 할지 분명하지 않고 정확한 학습 전략이 무엇인지도 분명하지 않다. 그러나 단서는 있다. 인간 진화의 역사를 살펴보면, 이 독특하게 움직이는 방법을 성공적으로 학습한 이들에게 유리하도록 선택 편향이 있어왔다는 것을 알 수 있다. 몸이 둔하거나 넘어지거나, 또는 부주의해 적에게 포획되면 후손을 남길 수 있는 가능성은 희박해진다. 적응이 더 뛰어나고 더 효과적으로 걷는 이들이 생존하게 되었고, 시간이 지나면서 그들이 중심이 되어 인구가 점차 늘어나게 되었다.

아돌프와 동료들은 유아들이 어떻게 걷는지에 대한 정보가 양적으로도, 질적으로도 부족하다는 관점에서 연구를 시작했다. 즉, 얼마 동안 기어 다니는지, 얼마나 걷게 되는지, 엎드려 기어 다니기에서 걷기로의 전환이 어떻게 이루어지는지, 그들이 얼마나 끈기를 가지고 도전하는지, 걷기를 배우면서 자아 형성에 얼마나 도움이 되는지와 같이 기존 자료는 자연스러운 걷기 행위 그 자체가 아닌 걸음걸이와 움직임과 관련된 신체적 이상에 초점이 맞춰져 있다.

이보다 더 주목해야 할 근본적인 질문이 있다. 엎드려 기어 다니는 아이는 넘어지면 부상을 최소화할 수 있는 안정적인 자세를 갖추고 있다. 엎드린 자세에서 손과 발은 땅에 밀착되어 있다. 그렇다면 왜 기어 다니는 자세를 버리고 넘어지기 쉬운 자세로 전환하는 걸까? 아이들은 처음에 대단히 능숙하게 기어 다니고 걷는 데는 매우 서툴다는 것을 기억하자. 기어 다니기에서 걷기까지 어떻게 제대로 안전하게 전환이 이루어지는 걸까? 걷기는 학습되는 기술이라고 보기 어렵다. 언어를 배우기 위해 아이는 오랫동안 지속적으로 언어환경에 둘러싸여 있어야 한다. 그러나 야생에서 자란 어린이들이나 학대를 받아 제한된 환경에 노출되어 온 아이들도 대체로 똑바로 걷는다. 이는 언어와 달리 걷기 학습은 움직임을 관장하는 척수와 뇌 안의 회로 설계에 내재되어 있는 운동 프로그램에 영향을 받는다는 것을 의미한다.

한 연구에서 아돌프와 동료들은 실험실에서 보호자들의 관리 하에 세 그룹의 아이들이 놀고 있는 모습을 촬영했다.[1] 그룹은 능숙하게 기어 다닐 수 있으나 아직 걷지 못하는 12개월 아이들, 걷기를 막 시작한 12~14개월 된 아이들 그리고 능숙하게 걸어 다니는 19개월 아이들로 나뉘었다. 연구원들은 실험실 바닥에 압력을 감지하여 걸음걸이를 추적하는 카펫을 깔았다. 실험실은 놀이방과 기타 다양한 장난감, 계단 형태의 경사로들이 마련되어 있었고, 이를 통해 걷기와 기어 다니기를 측정했다. 이 실험으로 연구팀은 아동들이 기어 다니고 걸어 다니고 넘어지고 뒤뚱거리면서 탐색할 때의 행동에 대한 수많은 시각적 데이터를 기록할 수 있게 되었다.

이 연구를 통해 여러 새로운 사실이 발견됐다. 엎드려 기어 다니고 걸어 다니는 유아들의 능숙도에는 차이가 있었다. 간단히 말해, 일부 아이들은 다른 아이들보다 더 잘 걷고, 더 잘 기어 다닌다. 기어 다니기에 더 숙달된 유아들은 더 적은 시간에 더 많은 거리를 이동했다. 전반적인 활동량이 걷기와 기어 다니기와 큰 연관은 없었다. 더 중요한 것은 이동으로 인한 거리 면적과 얼마나 효율적으로 그 면적 내에서 이동하느냐다. 더 능숙하게 기어다니는 유아는 더 잘 걸었다. 그들은 덜 넘어지고 일어날 때 더 빠르게 균형을 잡고, 더 먼 거리를 걸을 수 있다. 아마 그 이유는 능숙한 기어 다니기를 통해 근육들이 보다 넓게 발달하는데, 이것이 걷기에도 중요하기 때문일 것이다. 두 팔과 다리를 이용해 기어 다니는 것은 팔다리의 연속적인 움직임이 동반되는데, 이 움직임은 몸의 전반에 걸쳐 조직화되어야 한다. 손과 무릎에 체중을 실으면 엉덩이와 어깨에 지속적인 근력 운동을 제공하고, 자라면서 더욱더 많이 활용하게 될 다리와 특히 팔의 회전 동작에 도움을 줄 가능성이 높다.

팔다리를 체계적으로 움직이기 위해서는 근육이 매우 정확한 순서와 그룹 단위로 움직여야 하는데, 이는 두뇌의 명령 신호에 따르며 결과적으로 움직임에 대한 피드백은 움직임 자체를 정교하게 조절할 수 있게 한다.[2] 또한 이 움직임은 체중이 실리는 엉덩이, 어깨와 등 근육을 강화하여 뇌와 척수가 걷기에 필요한 팔다리, 몸통과 머리의 정확한 자세를 취할 수 있게 한다. 유아들은 자주 넘어졌는데, 어떤 아이는 한 시간 동안 69번이나 넘어지기도 했다.

걷는 기술이 나이가 들면서 개선된다는 거의 100년 이상 된 연구 결과에서도 사실임이 확인되었다. 걷기는 특정한 기능과 목적을 가지고 있는 행동이다. 즉, 한 지점에서 다른 지점까지 본인의 속도와 에너지를 이용하여 이동하는 것으로, 이는 '기능적 기술'이 활동량의 중심이 된다는 연구 결과에 반영되어 있다. 더 많은 걸음을 걷고 더 멀리 걷는 유아들이 덜 넘어졌다. 다시 말해 얼마나 잘 배우는지는 얼마나 자주 넘어지고 얼마나 먼 거리를 걸어가느냐로 예측 가능하다. 넘어지지 않고 잘 걸을수록 더 멀리 걸을 수 있고 넘어질 확률도 줄어든다. 다시 말해 걷기란 인생의 많은 다른 것과 마찬가지로 노력을 들여 완성에 도달할 수 있다.

걸음마를 배우는 영아는 한 시간에 평균 2,368걸음으로 701미터를 걷고 17번 넘어진다. 걷기는 다른 많은 기술의 습득과 마찬가지로 일정한 시간을 두고 자주 다양하게 반복하여 연습할 때 가장 많은 학습 효과가 일어난다. 약 1년의 시간 동안 영유아들은 수천 번 걷고, 수천 번 넘어지는 과정을 통해 실패와 연습에 대한 피드백을 쌓으면서 넘어지는 횟수를 줄인다.

컴퓨터에 과하게 의존해서 기계적 접근 방식으로 걷는 방법을 학습하는 것이 왜 번번이 실패하는지 그 이유가 바로 이 숫자들 안에 담겨 있다. 어린이들이 비교적 긴 유아기를 거치며 오르막이 있는 복잡한 지형, 딱딱한 바닥, 무른 바닥 그리고 다양한 무게, 표면과 이동성을 갖추고 놀이 도구들이 있는 곳에서 노는 것은 무의식적으로 성인 단계의 기술에 버금가는 걷기 실력을 갖출 수 있는 훈련이 되는 것이다.

뇌는 두개골 안에 움직이지 못한 채 갇혀 있는 것이 아니다. 우리의 정신은 움직이며 이 움직임에 본질적으로 보상을 느끼고 동기부여가 된다. 그리하여 엎드려 기어 다니기에서 걷기로의 발달단계 전환은 실제 환경과 사회적인 환경을 충분히 이해하고 참여할 수 있게 하는 인지 운동Cognitive Mobility

의 필요성을 역설한다. 걷기나 움직임은 이 세상을 돌아다니며 움직이고 있는 뇌와 사고의 경험이다. 그리고 이러한 움직임은 세계에 대한 경험을 바꾸고, 뇌와 사고의 체계는 움직임에 의해 더 몰입하여 작동한다.

일어서기 위해 가구를 붙잡고 몸을 일으키는 아이는 즉각적으로 새로운 세상을 경험하며, 이전에 잡기 어려웠던 물건들에 쉽게 접근할 수 있다. 추켜세운 머리로 아이는 세상을 새롭게, 또 인지적 운동 상태에서 바라보게 된다. 물건들도 아이에게 더 이상 멀지 않다. 아이들은 물건을 향해 걸어가 만져보고 탐구하고 들고 다니다 부술 수도 있다. 일찍 걸음마를 터득하면 그만큼 위험이 뒤따르게 된다. 어린이들은 안전하게 걸을 수 있는 곳이 어딘지, 위험한 곳이 어딘지 배워야 한다. 그리고 바로 이 시점에서 걷기라는 매우 새롭고 놀라운 기술이 그들을 위기에 빠트릴 수도, 동시에 위기로부터 쉽게 벗어나게 할 수도 있다는 사실을 깨닫는다.

*

걷기를 터득한 순간 우리는 머리를 들고 똑바로 걸으며, 손과 사고도 자유로운 상태가 되어 멀리 볼 수 있게 된다. 곧게 서 있는 자세를 유지하기 위해서는 균형이 필요하다. 우리는 몸의 자세를 바닥과 수직을 이루어 바닥의 표면과 마찰력에 적응하며 지구 위를 확실한 움직임과 의도를 가지고 걷는다. 빙판 위에서 일단 적응을 마치면 미끄러지듯 스케이트를 타는데, 그때도 우리의 균형과 방향 감각은 계속 작동한다. 왜 넘어지지 않는 것인가? 어떻게 우리는 확실하고 리듬감 있게 한 발 한 발 앞으로 내딛을 수 있게 되는 걸까? 직립보행이 어떻게 이루어지는지에 대한 매우 복잡한 과학 원리가 오늘날에 이르러서야 밝혀지고 있다.

여기서 핵심은 바로 '리듬감 있게'라는 말이다. 걷기에는 일부러 집중하지 않으면 느끼지 못하는 무의식적인 리듬이 있다. 우리는 확실하고 안정감 있게 다리 하나를 앞으로 내딛으면 다른 다리는 잠시 멈추고, 다시 다른 다리를 앞으로 내디뎌 처음 다리가 잠시 멈추는 과정을 통해 다리 위치를 바꾸며 몸은 곧은 자세로 앞으로 움직이게 된다. 리듬감에 대한 내용은 나중에 다시 다룰 것이다. 지금은 일단 걷기가 근육과 근육군의 연속적인 이완과 수축으로 이루어지며, 두뇌와 신경 활동의 빠른 조화가 요구되는 신경 근골격계상의 성과라는 점을 알아야 한다. 다리 하나에는 최소 열 개의 근육이 있는데, 이들은 단단한 뼈대에 힘줄 형태로 붙어있다. 그리고 심장 또한 근육이라는 것도 잊지 말아야 한다. 우리가 걸을 때는 심장도 같이 움직인다.

우리의 뇌는 걷기를 어떻게 조정할까? 이를 위해 뇌는 최소 두 가지를 실행해야 한다. 똑바로 설 수 있게 균형을 이루고, 땅 위를 가로질러 움직일 수 있게 해야 한다. 그러나 생각하는 것과 실제로 실행하는 것은 우리가 생각하는 것 이상으로 더 복잡하고 덜 명확하다. 우리의 이상한 바다 친구 멍게를 기억하는가? 이 동물은 고착 상태가 되어 더 이상 움직임이 필요하지 않으면 초기 뇌물질을 스스로 먹어버린다. 이 사례는 움직이기 위해서 우리가 실행할 가능성이 있는 움직임을 자동적으로 빠르게 예측하고, 상상할 수 있는 뇌가 필요하다는 반증이다. 이는 특정한 발걸음으로 특정한 길을 걷는 상상을 하는 가상 걷기를 위한 두뇌회로가 실제 걷기에서 활용되는 것과 거의 동일하다는 뜻이기도 하다. 한 중요한 연구에서 실제 걷기와 가상 걷기를 실행하면, 둘 다 뇌 안의 중요한 운동 네트워크가 활성화된다는 점을 발견했다.[3] 실제로 걸을 때는 여러 운동의 움직임과 연관된 두뇌 영역이 추가적으로 더 활성화된다는 점이 조금 다를 뿐이다.

이는 우리가 상상력을 발휘하는 방법에 대한 중요한 사실을 시사한다. 상상이 일종의 행위, 즉 활동이라는 것이다.

다시 말해, 상상이란 뇌에서 활성화되어 감지할 수 있는 신경계의 활동이다. 장미꽃을 상상해보라. 이때 당신의 '사고 속 눈'에 있는 장미의 생김새를 확인하기 위해 뇌의 시각적 영역의 활동이 증가한다. 이 장미꽃을 집어 들어 향기를 맡는 상상을 해보라. 뇌의 운동 움직임 영역과 후각 영역에 활동이 일어날 것이다. 이제 날아가는 새를 손가락으로 가리키는 상상을 해보라. 사물을 가리키는 행동과 관련된 뇌의 모든 영역과 새를 상상하는 데 관련된 뇌의 시각적 영역에서 활동이 일어날 것이다. 일터나 공원, 상점으로 향하는 일상적인 걷는 모습도 상상해보라. 걸음에 대한 계획을 세우는 뇌의 운동 영역에서 활동이 일어나는데, 여기에 뜻밖의 반전이 있다. 바로 기억, 상상 그리고 사고의 시간 여행까지도 담당하는 뇌 영역도 활성화되는 것이다.

물론 걷기를 상상하는 것과 실제 걷기는 다르다. 실제 걷기의 행위는 어떻게 다를까? 뇌는 머리에서 이어진 몸이 땅을 딛고 있는 발로 연결된 형태의 신체 구조에서 가장 위에 자리하고 있다. 신체는 발바닥을 기준으로 쌓아진 형태가 아닌, 오히려 머리가 '구름 속의 성'이고 이를 지지하는 축대가 바닥에서 받쳐주는 형태라고 하는 것이 더 맞다. 똑바로 서 있다는 것은 자세를 통제하는 것을 말한다. 넘어지지 않도록 근 조절을 유지하기 위해, 뇌에서 척수로 신호를 보내야 한다. 턱에서 발까지 이어지는 수직선을 상상해보자. 몸의 중력선은 보통 발목과 무릎보다 살짝 앞에 있기 때문에 뇌는 끊임없이 이를 감지해야 된다. 몸의 중력선은 몸이 걷는 움직임에 따라 앞으로 또는 뒤로 이동하게 된다.

그래서 두뇌 관점에서 가장 중요한 임무는 가만히 서 있든, 걷고 있든 몸과 뇌의 균형을 유지하는 것이다. 일어설 때마다 넘어지거나 그럴 것 같은 느낌이 들면 멀리 가지 못하게 되고 부상을 입을 가능성이 높아진다. 머리는 움직임에 안정성을 더하는 플랫폼, 즉 '관성 유도 플랫폼'의 역할을 하는데, 지형 변화가 있다 하더라도 대체적으로 지면과 평평한 직각 자세를 유지할 수 있도록 한다. 이는 항공기, 잠수함과 자동차에 폭넓게 활용되며, 또한 뇌는 비슷한 방법을 활용해 휠체어와 자전거를 탈 수 있게 한다. 그러나 이동수단이 무엇이든 상관없이 움직이면서 머리의 균형을 잡지 않으면 걷기, 사이클링, 운전 등이 모두 불가능하게 될 것이다.

움직이면서 동시에 균형을 유지한다는 것, 즉 관성 유도는 어떻게 이루어지는가? 눈의 한 구석, 또는 아래위 눈꺼풀이 만나는 지점인 외안각에서 외이도까지 일직선을 그어보자. 우리가 얼마나 활동적인지와는 상관없이 뇌는 바닥과 평행인 가상선을 유지하려고 항상 노력한다. 이 자세의 균형은 움직이는 행위 그 자체에서 생기는 인풋과 움직이는 몸의 부위에서 되돌아온 메시지들을 이용하는 복잡한 메커니즘으로 얻어진다. 놀랍게도 외부로부터 오는 시각 또는 청각을 통해 얻는 인풋을 사용하거나 필요로 하지 않는다. 따라서 외부 상황을 지속적으로 모니터링하고 해석할 필요가 없다. 일례로 앞으로 발걸음을 내딛기 위해 우리는 바로 발 앞의 지면을 자세히 살펴볼 필요가 없다. 대신 움직임과 속도와 방향 그리고 몸으로부터 받는 피드백 그 자체가 필요한 모든 신호를 제공한다. 이 때문에 시각장애인들도 매우 안정적으로 걸을 수 있다.

머리의 위치와 움직임을 안정시키는 메커니즘은 귀 내부에서 찾을 수 있는데 이를 '전정계Vestibular System'라고 한다. 빙빙 돌거나 지나친 음주로 인해 전정계에 일시적 장애가 올 수 있다. 술에 취해 누워있을 때 핑 도는 느낌은 한 발을 바닥에 내딛고 걷는 순간 조금 없어진다. 바닥에 발을 딛는 것으로 전정계 균형이 맞춰져 핑 도는 느낌을 멈출 수 있는 것이다.

두개골 속 깊은 곳에 위치한 전정계는 직접적인 상호작용 없이도 외부 세계에서 벌어지고 있는 일에 대해 정보를 처리한다. 전정계는 머리 위치에 고정되어 있는 감각기관으로 움직임에 대한 비시각적 피드백을 직접적으로 제공하지만, 항상 완벽하게 작동하는 것은 아니다. 등반가들이 눈사태에 갇히게 되면 위아래를 구분하기 어려워한다는 사실은 잘 알려져 있다. 그 이유는 신뢰할 수 있는 외부 인풋이 없고, 갇혀 있거나 고통스러운 상황에서 스스로 만들어내는 신호가 충분하지 않기 때문이다. 일부 등반가들은 맞다는 확신을 가지고도 엉뚱한 방향으로 구멍을 파기도 한다. 방향이 아래를 향하는지 알아야 하는 상황이 생겼을 때, 방향을 확인하는 가장 확실한 방법은 입에서 침을 흐르게 하는 것이다. 만약 침이 코 안으로 흐른다면 거꾸로인 상태다. 침이 턱 아래로 흐른다면 당신의 느낌이 맞든 틀리든 상관없이 머리가 위를, 발이 아래를 향하는 자세다. 중력은 당신의 느낌과 상관없이 어떠한 경우에도 침을 지구 중심부인 아래로 흐르게 할 것이기 때문이다.

균형 감각의 중심적인 역할을 하는 전정계는 다양한 지형에서 몸의 균형을 유지시켜주는 역할을 담당한다. 뇌에게는 엄청난 성과다. 전정계는 조용한 감각이지만 우리가 휴식 중이거나 잠을 자고 있을 때에도 항상 활성화되어 있다. 우리가 이를 알 수 있는 방법은 여러 가지다. 예를 들어 우리의 가까운 친척인 원숭이는 나무 위에서 편하게 숙면을 취할 수 있다. 물론 원숭이도 미끄러지거나 삐끗하기도 하지만, 떨어지지 않도록 재빠르게 나뭇가지를 잡아 자세를 바로 고친다. 누군가를 잠에서 깨우려면 아무리 깊은 잠에 빠져 있어도 무자비하게 침대 밖으로 밀어내면 된다. 잠에서 깬 사람은 이불이든 뭐든 뭔가를 붙잡으려고 허우적거릴 것이다. 전정계의 지속적인 활동 상태를 '강장성 활성화Tonic Activation'라고 하는데, 이는 집과 전력망이 연결되어 있는 것처럼 항상 활성화된 상태다. 그래서 우리는 전정계가 손상되었을 경우에만 그 부재를 느낀다. 다양한 뇌의 영역으로 일관되게 인풋을 제공하는 활동은 자는 동안 전정계가 갑작스럽게 활성화되면 잠에서 깨어나게 한다. 일반적으로는 타의에 의해 몸에 가해지는 자극에서만 그렇다. 자는 도중 스스로 발길질한다고 대체로 잠에서 깨지는 않는 것처럼 말이다. 지진이 일어나면 재빨리 깨어나거나 포식자들을 피하기 위해 나무 위에서 자는 등의 진화론적 특성은 매우 중요하지만, 가장 중요한 건 전정계가 우리가 의식하는 것보다 훨씬 더 빨리 작동한다는 점이다.

전정계의 작동 속도는 우리가 걷는 중에 확연히 드러난다. 추운 어느 날, 밖으로 산책 나가는 것을 상상해보자. 빙판 위를 걷다가 휘청거리기라도 하면 당장 균형을 잡기 위해 필사적으로 노력할 것이다. 넘어지지 않고 성공적으로 서 있게 되면, 일련의 과정을 머릿속으로 다시 그려본다. 편하게 걷는

데 발이 빙판과 접촉하고 미끄러지면 제일 먼저 몸이 딱딱하게 경직된다. 다리의 모든 근육과 몸통은 동시에 재빠르게 몸이 미끄러지거나 앞으로 더 이동하는 것을 막으려 노력했을 것이다. 그런 후 몸의 자세를 다시 바르게 한 후, 이제는 바닥에 주의하면서 앞을 향해 걷기 시작한다. 여기서 놀라운 점은 경직상태가 재빠르고 완벽하게 자동적으로, 또 반사적으로 일어난다는 사실이다. 어떻게 1천분의 1초 안에 이런 일이 일어날까? 매우 예민한 전정계로부터의 신호들은 여러 종류의 정보에서 비롯된다. '나는 넘어지고 있다', 후에 '빨리 근육을 경직시켜', 그 다음에 '안 넘어졌네', 그리고 '괜찮아, 계속 걸어, 그렇지만 조심해야 해'.

우리는 때로 발아래가 불안정하게 느껴지는 바다 위에 떠 있는 배나 난기류를 통과하는 비행기 안과 같은 독특한 환경에서 걷게 된다. 움직이는 바닥 위를 걷는 것은 매우 부자연스럽고 불안함을 조성하는 일인데, 이는 수신하는 인풋 신호에 따라 전정계가 어떻게 적응하는지 보여준다. 멀미는 시각계가 감지하는 움직임과 전정계가 감지한 움직임 격차에서 발생한다. 시각계와 전정계가 상호 인지하게 되면 멀미로 인한 불편함은 사라지게 된다. 그러므로 전정계는 고정되어 있는 것이 아니라 신경계의 유연성으로 인해 학습이 가능하고, 멀미는 학습과 유연성이 제대로 발휘되지 못했을 때 나타난다. 멀미의 매우 드물고 극적인 변형 형태는 사람들이 거의 이해하지 못하는 '하선증후군Mal de Débarquement(MDS)'이라 불리는 질환이다. MDS 환자들은 배에서 내려 육지에서 걸을 때 극심한 흔들림을 느낀다. 배, 러닝머신 또는 에스컬레이터에서 내려올 때 순간적으로 흔들림을 느끼는 것은 일반적이지만 MDS 환자의 경우 흔들림을 장기간 느끼고 그 증상은 신체가 타인이 운전하는 자동차를 타고 이동하는 것 같은 수동적인 움직임을 경험하면 증상이 완화된다. 이 모든 문제는 전정계인 주변부가 아닌 신체 중심, 즉 두뇌 자체에 있다. 예를 들어 배 위에서 흔들림을 경험하여 재조정 과정을 거친 뇌가 흔들림 없이 안정적인 육지 위에서 다시 재조정을 하지 못한 경우일 수도 있다. 배를 타면 바다 움직임에 익숙해지는데, 이 상태가 육지로 돌아와도 유지되어 신체가 다시 수동적인 움직임을 경험할 때 멀미를 느끼는 것에 안도하게 되는 것이다. 전정계는 우리가 전혀 의식하지 못하는 생태에서 걸음을 걷는 인생의 모든 면에 조용히 개입하는 진화 공학의 기적이라고 할 수 있다.

*

전정계를 제외한 다른 감각들도 걷는 방법에 영향을 미칠 수 있다. 시각은 분명 영향을 미친다. 앞으로 걸어가고 있을 때, 눈은 뇌에게 우리가 외부 세상과의 사이에서 상대 운동 상태에 있다는 신호를 보낸다. 이를 '시각적 흐름'이라고 한다. 우리가 걷거나 자전거를 타거나 혹은 자동차를 타는 등 움직이고 있을 때 시각 세상은 옆으로 흘러 지나가고 우리는 이를 통과하게 되는 것이다. 벽면으로 둘러 쌓인 좁은 복도를 걸어가고 있는 모습을 상상해보라. 당신의 관점에서, 아니 더 정확하게 당신의 망막 관점에서는 벽이 뒤로 움직이는 것처럼 보일 것이다. 시각적 흐름은 앞으로 움직이면서 자연스럽게 생기는 현상이지만, 흔들림이 없는 평범한 지면에서 걷다가 움직이는 무빙워크 위를 걷는 과도기적 순간이 아니라면, 일반적으로는 이를 의식하지 못한다. 움직이는 무빙워크의 시작과 끝 지점에서 시각적 흐름은 일반적인 보행 속도와는 달리 갑자기 속도가 증가하거나 갑자기 속도를 줄이는 것과 같은 급작스러운 변화를 맞는다. 몸이 움직임에 의해 흔들리며 방향감각을 상실하는 느낌이 드는 이유는 몸이 만들어내는 움직임과 움직이는 무빙워크에 의해 몸에 가해지는 움직임 그리고 우리가 경험하는 시각 세계 사이의 괴리 때문이다. 이 괴리는 시각이 움직임에 어떠한 영향을 미치는지 알아내는 데 활용될 수 있다.

이제 시각을 통해 우리가 걸을 때 어떻게 균형을 유지하고 도와주는지 알게 되었다. 그러나 궁금증은 여전히 남아 있다. 과연 우리는 어떻게 움직이는 것일까? 이에 대한 답은 걷기의 본질인 리듬에 있다. 리듬을 지키기 위해 이용하는 메트로놈은 양 옆으로 흔들리는 뒤집어 놓은 펜듈럼Pendulum이다. 직립보행의 원리를 정의하는 전형적인 방법은 '뒤집어 놓은 더블 펜듈럼'으로 설명할 수 있는데, 몸이 한 걸음 걸을 때마다 수축 상태의 팔다리 사이로 몸을 움직이며 앞으로 나가는 것이다. 걸을 때 발 하나는 항상 지면 위에 남아 있는데, 이는 달릴 때 양 발을 동시에 지면에서 뗄 수 있는 것과는 다르다. 걷기는 놀라운 두뇌의 상하향식 조절과 발과 다리의 하상향식 인풋 그리고 척수에 기반을 두고 '중추패턴발생기CPG'의 기능을 하는 중부 리듬조절 시스템 사이의 놀라운 컬래버레이션이다. 시계의 펜듈럼은 앞뒤로 정확하게 예측할 수 있게 움직이며, 확실한 리듬을 만들어내 시계 구동을 할 수 있게 하는 일종의 패턴 발생기다. CPG는 규칙적인 리듬의 운동패턴을 만들어내는 신경계 회로다. 호흡, 소화관 안의 음식물을 움직이게 하는 느리고 규칙적인 연동파, 고동치는 심장 등이 또 다른 예다.

안정적인 리듬의 움직임은 걷기의 중요한 부분이고, 또 다른 핵심적인 인풋은 지속적으로 의식하지 않고도 발을 지면에 자연스럽게 내딛는 시스템이다. 발 위치가 어디에 있는지 알고 지면에 닿게 한 후, 몸 중심을 앞으로 이동해 앞으로 나아가게 하는 문제를 두뇌는 어떻게 해결하는가? 곧 알게 되겠지만 두뇌는 확장된 공간에 대한 예리한 감각, 즉 길을 찾아갈 수 있는 '인지 지도'를 내재하고 있다. 그러나 두뇌는 몸에 대한 예리한 감각 또한 가지고 있다. 두뇌는 '외수용성 감각 Exteroception(시각과 청각을 통한 외부세계로부터의 정보 처리)'과 '내수용성 감각Interception(내부 기관으로부터의 배고픔, 목마름, 통증 등과 같은 정보 처리)'이 작동한다. 또한 우리는 발목, 무릎 그리고 엉덩이 관절의 위치와 근육과 인대로부터 오는 신호에 대해 고도로 발달된 감각을 지니고 있고, 이를 '제6의 감각'인 고유수용성 감각Proprioception이라고 한다.[4] 고유수용성 감각의 시험은 아동기의 게임과 신경학상의 시험 주제이기도 한다. 이를 탐구할 수 있는 간단한 실험으로 눈을 감고 손가락 끝으로 코 끝을 만지는 것이 있다. 여기서 오차 범위는 1센티미터 이하다. 또 다른 시험은 어둠 속에서 눈을 감고 걸어가는 것인데, 장애물이 없는 환경에서는 아주 간단한 일이다. 이 실험은 직립자세를 유지하려고 노력하는 과정에서 시각적 인풋이 관절 감각과 얼마나 연관되어 있는지 확실하게 인지하게 한다. 마지막으로 눈을 뜨고 한 발로 서고, 또 눈을 감고 같은 동작을 반복하는 실험은 직립자세를 유지하기 위해 시각 감각과 고유수용성 감각이 어떻게 함께 작동하는지 보여준다.

우리는 일반적으로 눈을 뜨고 걸으며 이때 고유수용성 감각 정보와 시각 정보(시각적 흐름)가 수월하게 결합한다. 이는 눈에 보이는 세상에서 정상적인 걷기에 대한 경험을 제공한다. 어쨌든 우리가 장거리를 뒷걸음으로 걸어가는 일은 종종 있는 일이다. 앞으로 걸을 때 세상이 뒤로 지나가는 느낌을 '확장' 흐름이라 하고, 반대로 뒷걸음으로 걸을 때 세상이 앞으로 지나가는 것과 같은 느낌을 '수축' 흐름이라 한다. 뒷걸음치며 걸어갈수록 지평선이 줄어들거나 수축하고 지평선을 향해 걸어갈수록 지평선이 확대된다. 기어 다니는 단계에서 걷기로 전환하기 시작하고 머리와 눈의 움직임이 변하면서 시각적 흐름의 경험이 어떻게 변할까? 심리학자인 노부 시라이Nobu Shirai와 토모코 이무라Tomoku Imura는 이 문제를 다루면서 걷기에 더 능숙한 아동들이 확장 흐름의 자극을 선호하고 이는 아동의 연령이 높아질수록 더 강해진다는 것을 보여주었다.[5] 아동들이 확장 흐름을 더 흥미롭고 보상받는다고 느끼는 것은 독립 보행과 관련해서 생각해본다면 발달학 관점에서 타당한 일이다.

또한 이 연구자들은 유아를 보행기에 앉히면 정상적으로 걷기를 배우는 유아와는 다른 시각적 흐름을 경험하게 된다는 점을 알게 되었다. 보행기에 앉아 있는 유아들은 발을 밑으로 차면서, 일반적으로 밀어내는 동작으로 뒤로 움직이게 되어 초기 수개월간 확장 흐름이 아닌 수축 흐름으로 움직이는 경험을 하게 된다. 다른 연구에서는 보행기를 오랫동안 탄 유아들이 일반적인 기어 다니기 후에 걷기로 전환을 하는 유아들보다 늦게 걷기 시작한다는 결과를 제시했다.[6] 보다 폭넓은 발달의 관점에서 걷기를 배우는 것이 다른 필수적인 심리학적 변화로 어떻게 이어지고, 특히 아동들이 어떻게 상호작용하는지는 앞으로 더욱 연구해야 할 과제다.

우리는 걷기가 인지적 이동성으로 이어진다는 사실을 알고 있지만, 이러한 연구결과는 걷기를 통해 아동의 질적, 사회적 상호작용이 변화한다는 것도 보여준다. 독립적으로, 자율적으로 그리고 의지대로 두 발로 움직일 수 있다는 것은 운동능력의 발달뿐만 아니라 인지 및 사회적 발달을 위해서도 필수적이다. 전환은 심리적 발달 기능의 거의 모든 면에 미묘한 변화를 일으킨다. 아동들은 집안, 정원, 집 주변의 길, 학교, 운동장 등에서 자유롭게 움직일 수 있다. 그들은 대부분 걸으며 주변을 탐사하고, 특별한 훈련이나 지시 없이 혼자 활동할 것이다. 그들은 자신들이 어디에 있는지, 어디로 가고 싶은지 순간적으로 알 수 있게 된다. 아동들은 어떻게 그들이 사는 세상에 대해 배우게 될까? 아이들은 (어른들도 마찬가지겠지만) 두뇌에 GPS 같은 장치가 있는 것일까? 다른 동물들 또한 GPS 같은 장치가 있는 것일까? 다음 장에서는 걸을 때 두뇌가 세상을 어떻게 지도로 그려내는지 알게 될 것이다.

4

뇌 안의 GPS

뇌 속 GPS 체계는
우리가 걷기라고 인식하는
일관성 있고 의도된 몸의 움직임을 가능하게 한다.
어디로 걸어간다는 것은 뇌의 길 찾기 시스템에
달려 있고, 걷는다는 것은 뇌의 지도 그리기와
길 찾기 시스템에 많은 양의 정보를 지속적으로
제공한다는 것을 의미한다.

몇 년 전으로 거슬러 보자. 나는 당시 인구 밀도가 높고 다면적이고 다중적인 매력으로 가득한 대도시인 런던으로 이사했다. 하이게이트 지하철역에서 친구 테드를 만나 하이게이트 힐 주변을 산책한 후 공동묘지를 둘러볼 계획이었다. 스트레텀에서 지하철을 타고 노던 라인을 따라 하이게이트 역에서 하차해야 했다. 그러나 아무리 기다려도 테드는 나타나지 않았고, 스마트폰이 대중화되지 않았던 시기였기에 연락할 방법이 없어 결국 나는 그냥 집으로 걸어가고 있었다. 그날은 화창하고 아름다운 일요일 오후였고 지도 없이 도로 표지판과 추측항법을 이용해서 길을 찾아야만 했다. 집까지의 거리는 템즈 강을 건너는 것을 포함해서 거리는 11마일(약 17.7킬로미터)로 추정했고 시간은 3시간 34분 정도 걸릴 것으로 봤다. 과연 집에 잘 도착할 수 있을까?

추측항법은 이동속도와 어느 고정된 지점에서의 이동 방향에 따라 자신이 어디에 있게 될지 예측하는 길 찾기 방법으로 아주 오래전부터 선원들과 항해사들이 사용해왔던 항해법이다. 이는 개미와 통신용 비둘기, 인간을 비롯해 기타 다른 동물들도 활용한다. 생물학에서는 이를 '이동경로통합Path Integration'이라고 하는데, 자신의 속도와 이동 방향을 기억하고 있으면 목표 지점으로 갔다가 출발 지점으로 돌아오는 것이 가능하게 된다. 그러나 이는 완벽한 길 찾기 방법은 아니므로 오류가 발생할 수 있다.

내리막길을 걸어가야 한다는 것을 아는 것이 길을 찾는데 도움이 되었다. 나는 하이게이트에서 채링 크로스 로드까지 걸어간 후 중간에 중고 서점에 들렀다가 복스홀 강을 건너기 위해 남쪽 플림코로 향한 후, 브릭스톤을 지나 스트레텀 힐과 스트레텀 커먼을 향해 걸었다. 발은 좀 아팠지만 기분은 들떠 있었다. 익숙하지 않은 런던 지역을 지나고 있었지만 길을 잃지는 않았다. 왜 그랬을까? 이는 내가 어느 방향으로 가는지 알고 있었기에 대략 어느 곳을 지나게 될지도 알고 있었고, 도로 표지판으로 위치를 확인할 수 있기 때문이었다. 만약 어둠 속을 걷고 있는데 가로등, 도로 표지판, 위성 내비게이션 등이 없다면 어떨까? 주변 환경의 정보가 정기적으로 입력되어 재측정되지 않았다면, 방향 또는 조정 오류가 축적되는 추측 항법에만 의존해야 했을 것이다. 그럼 나는 길을 잃고 여전히 주변을 어슬렁거렸을 수 있다.

이동경로통합은 갑자기 어두워진 방일지라도 자신의 위치와 의자 등과 같은 장애물들의 위치를 알고 있다면 출구를 찾을 수 있다는 원리로 쉽게 설명할 수 있다. 합리적인 추론으로 출구의 위치를 파악함으로써 기준을 '내가 어디에 있는가'가 아니라 현재 놓인 환경을 중심으로 '방에서 출구는 어디에 있는가'로 신속하게 바꾸는 것이다. 이 과정은 전정계가 인간을 직립 상태로 유지하고 동시에 고유수용성 감각이 제6의 감각 역할을 하여 공간 지도를 구성하고 업데이트에 하는 데 달려 있다. 특히 이 과정은 기억력에 의존한다. 이는 출구를 기억해내고, 방 안 이곳저곳에 흩어져 있는 장애물들을 피해야 하기 때문이다.

지금까지 여러 놀라운 신체 체계가 함께 작동하여 발이 규칙적으로, 확실하게, 또 리듬감 있게 한 발 한 발 내디뎌 우리가 목표로 하는 곳에 어떻게 도착하는지 설명했다. 이제 뇌의 깊은 곳으로 떠나 어떻게 길을 찾고, 길을 잃으며, 어떤 방식으로 뇌 속에 바깥세상을 구현하는지 알아보도록 하자.

*

인간이 걷는 원리는 무엇일까? 상식적으로 우리는 걷기가 시각 기능과 운동 기능의 결합물이라 알고 있다. 그러나 이는 시각장애를 가진 이들이 의도와 방향성을 가지고 걸을 수 있다는 명백한 사실을 간과한 주장이다. 그들은 시각적으로 볼 수는 없지만 복잡한 3차원 공간 안에서 길을 찾을 수 있고, 출발 지점으로 다시 찾아 돌아올 수도 있다. 그리고 시각에 문제가 없는 이들은 눈을 가리고도 같은 결과를 얻는다.

나는 출근길에 버스나 기차를 타고 더블린 시내로 가는 시각장애인들을 자주 만난다. 나는 그들에게 항상 경외심을 갖는다. 시각장애인들은 어떻게 이 복잡한 여정에 오를 수 있는 것일까? 인도와 건널목이 만나는 지점에서 낮아지는 인도의 턱, 인도 위에서 발아래로 느껴지는 지면의 변화, 건널목에서 들리는 다양한 청각신호 등 모든 환경으로부터 오는 신호들이 그들에게 도움을 준다. 그러나 정교한 실험을 통한다면 비시각적 길 찾기가 어떻게 가능한지 더 상세히 알 수 있을 것이다.

정상 시각을 가진 이에게 눈가리개로 눈을 가린 후 복잡한 길을 걷게 하고, 다시 출발 지점으로 돌아오게 하는 실험이 있다. 다양한 방향에서의 소음, 발 아래 느끼는 지면의 변화, 전정계를 교란시키기 위해 몸을 회전시키는 방법 등으로, 이를 더 복잡하게 만들 수 있다. 몸을 회전시키는 방법이 가장 결정적인 변수인데 전정계가 제공하는 균형 감각과 방향 감각을 잃는 것이 출발 지점으로 돌아가는 과제 수행능력을 방해하는 가장 간단한 방법이기 때문이다. 우리는 인간의 공간을 인지하는 감각이 본질적으로 시각과 관련이 있다는 착각을 쉽게 범한다. 물론 시각은 중요한 감각이다. 하지만 뇌 전체를 놓고 봤을 때는, 공간을 이해하는 데 기여하는 감각 중 하나일 뿐이다. 익숙하든 익숙하지 않은 환경이든, 우리가 어둠 속에서 길을 찾아갈 수 있는 것을 보면 이를 알 수 있다. 오늘날 '인지 지도'라 알려진 공간 감각은 '고요한 감각Silent sense'이라 불린다. 이 감각은 무의식 속에 내재되어 있어서 그 기능이 제대로 작동하지 않는 경우에만 의식하게 된다.

지난 수십 년간 선천적 또는 후천적 시각장애를 가진 환자들을 대상으로 공간 감각(인지 지도)과 관련된 중요한 연구들이 진행되었다. 연구자들은 이들과 눈가리개로 눈을 가린 연령대별로 나뉜 일반인들의 걷기 과제 수행 능력을 비교하기 위해 이동 경로 통합 과제를 통해 일반적인 운동 기반의 공간지각능력에 시각이 요구되는지 실험했다. 이때 피실험자들은 특정 경로나 궤적을 따라 걸은 후 다시 시작 지점까지의 경로를 다시 기억해내거나, 출발 지점으로 되돌아오는 최단 거리의 경로를 제시해야 했다.

만약 정상적인 공간지각능력을 발달시키는 데 시각이 중요하다면, 정상 시각인들이 후천적 시각장애인보다 실험에서 더 나은 수행 결과를 보였을 것이다. 또한 후천적 시각장애인들은 선천적 시각장애인들보다 좋은 수행 결과를 보였을 것이다. 완전히 보이는 정상 시각 그룹부터 전혀 보지 못하는 선천적 시각장애 그룹에 이르기까지 각 그룹이 경험하는 시각 세상은 다 다르다. 특히 새로운 한 연구에서는 앞서 언급한 각기 다른 시각 그룹들을 대상으로 단 한 번의 방향 전환이 있는 짧은 걷기 경로를 찾아내거나, 다시 재현하거나, 예측하는 다양한 실험을 진행했다. 이보다 더 복잡한 실험에서는 피실험자들이 다구간의 경로를 걷고 다시 되짚어 걸어 출발 지점으로 가는 단축 경로를 제시하거나, 어느 특정 지점을 다른 사물이 있는 위치와 상대적인 위치를 통해 추론해내야 했다.[1]

이 실험에서 밝혀진 놀라운 사실은 걷기를 배우고 확장된 3차원 공간에서 길을 찾기 위해 정상적인 시각이 필요하지 않다는 것이었다. 전반적으로 단순한 과제의 수행 결과는 대략적으로 세 그룹 모두 동일했다. 눈가리개를 한 정상 시각인, 후천적 시각장애인, 선천적 시각장애인 그룹 내 모든 피실험자들은 실험에서 요구한 짧은 거리를 동일한 결과로 걸을 수 있었고, 다시 경로를 기억해내거나 추론해낼 수 있었다. 더 복잡한 과제의 경우에도 마찬가지로 모든 그룹은 비슷한 수행 결과를 보여주었다. 선천적 시각 장애인들의 성적이 가장 저조했지만, 시각장애인들과 정상 시각인들의 수행 결과에는 주목할 만한 유사성이 있었다.

이와 함께 또 다른 분명한 점은 공간에 대한 폭넓은 경험을 가지고 있는 것이 유용한 인지 지도를 만드는 필수 요소라는 사실이다. 공간지각에서 시각이 가장 지배적일 수 있지만 인간이 갖춘 공간지각능력은 주변 세상을 걸어 다닌 경험에 의해 축적되고, 우리가 세상과 상호작용하기 위해 사용하는 그 어떤 감각과도 관계없이 독립적이다. 공간 감각은 시각, 또는 청각, 운동 감각과 다소 닮은 점이 있지만, 상당 부분은 다른 감각들이 인풋하는 정보로 구성되기 때문에 모든 다른 감각들보다 추상적이고 반응의 즉각성이 떨어진다. 이 감각은 이 세상에서 이동 가능한 움직임을 바탕으로 지도를 만들어 움직일 때 필요한 '어디에 무엇이 있는지'에 대한 정보를 끊임없이 제공한다.

뿐만 아니라 보이지 않아도 걸어 다닐 수 있다는 것은 주변 환경에 대한 학습이 가능하다는 의미다. 우리는 인지 지도가 각인되는 두뇌 속 해마체가 모든 감각기관으로부터 인풋 신호를 받고 운동계로부터 피드백을 수신한다는 것을 알고 있다. 공간 감각은 다른 감각을 위한 일종의 운영체계와 같은데, 이는 마치 컴퓨터 화면의 파일 이면에 있는 눈으로 보이지 않는 컴퓨터 아키텍처(운영체계)와 같아서 없으면 구동이 안 된다고 봐야 한다. 주어진 환경에서 정확하게 움직이는 데 시각이 필수적이지 않고 공간 감각을 구성하는 하나의 요소일 뿐이라는 점은 오늘날 잘 알려진 사실이지만, 더 큰 질문이 남아있다. 과연 우리는 어떻게 위치 파악을 하고 목표 지점으로 가는 경로를 알게 되는 것일까?

이에 대한 답은 3차원 공간 안에서 길을 찾게 도와주는 뇌 속 추상적인 지도인 '인지 지도Cognitive map'에서 찾을 수 있다. 이는 70여 년 전 미국 캘리포니아 버클리대학교 심리학자인 에드워드 체이스 톨만Edward Chace Tolman이 최초로 소개한 개념이다.[2] 미로 속 쥐들의 행동을 연구한 톨만은 '잠재 학습'이라는 현상에 특별한 관심을 가졌다. 톨만은 단순하지만 흥미로운 사실을 보여주는 전략을 선택했다. 그는 쥐들이 복잡한 미로 안에서 자유롭게 다니게 하면서, 간혹 특정 경로와 왼쪽 방향으로 전환해야만 도달할 수 있는 특정 장소에서 먹이를 찾을 수 있게 했다. 그리고 톨만은 미로의 경로 일부를 막았다. 생쥐들은 경로가 접근 불가능한 상태라는 것을 알게 되면 어떻게 행동할 것인가? 그들은 보상이라는 결과로 이어졌던 이전의 동작을 다시 수행할 것인가?[3] 이렇게 반응을 부르는 자극 관점에서 행동을 이해·예측하려는 노력을 자극-반응(또는 S-R) 행동주의라고 한다.

하지만 톨만은 20세기 중반 심리학의 중요한 흐름이었던 게슈탈트 심리학Gestalt Psychology(형태심리학)의 영향을 받아 또 다른 관점을 제시했다. 게슈탈트 심리학은 인간이 어떤 대상을 개별적 부분의 조합이 아닌 전체로 인식한다고 주장하는 학파다. 독일의 게슈탈트 학파의 커트 코프카Kurt Koffka는 "전체는 부분의 총합보다 크다The whole is greater than the sum of its parts"라는 명언을 남기기도 했다.[4] 톨만은 미로를 헤매면서 좌절한 쥐들이 미로 상황을 총체적으로 인지하고, 미로 전체를 학습하면서 배운 경험을 근거로 앞으로 취할 행동을 정할 것인지에 대해 궁금증을 가졌다.

행동주의 심리학자들의 판단이 맞았다면, 쥐들은 보상을 받았던 이전 경로를 계속해서 재선택하려 할 것이고 새로운 장애물에 막혀 당황할 것이다. 하지만 형태심리학 관점이 맞다면, 쥐는 음식물에 도달할 수 있는 다른 경로를 재빠르게 찾을 것이다. 결과적으로 형태심리학 관점이 적중했다. 톨만의 쥐들은 미로를 자유롭게 탐색하는 동안 자연스럽게 미로의 전체 레이아웃을 학습했다. 즉, 미로의 측량도를 유추 또는 추론해내고 있었던 것이다. 뿐만 아니라 생쥐들은 이 지도를 이용하여 문제를 해결하고 있었다. 톨만은 쥐와 인간들에게 '인지 지도'가 존재하고 우리가 살고 있는 확장된 3차원 공간을 이해할 수 있는 바탕이 된다고 제시했다.

이 실험은 우리가 지구 상에서 자신이 있는 위치를 어떻게 파악하고 길을 찾아가는지를 이해하는 기념비적인 연구가 되었다. 이를 통해 인간을 포함한 동물들은 인지 지도가 내재적으로 발달되어 목표 지향 행동으로 유연하게 이어진다는 점을 알려주었다. 그렇다면 이 지도는 뇌의 어디에 있는 것일까?

*

길을 찾는다는 행위의 중심에는 자신이 있는 위치를 알고, 가고자 하는 곳을 알고, 그 목적지로 가는 행위들이 있다. 이 삼박자가 맞지 않으면 길을 잃게 될 것이다. 머릿속에 지도를 가지고 있더라도 길 위에 있는 모든 표지판이 사라진다면 어떤 일이 벌어질까?

이 문제를 정면으로 다룬 실험이 있다.[5] 이 실험에서 피실험자들은 수풀이 우거진 거대한 숲 또는 사하라 사막을 걸어가야 했다. 과제는 간단했다. 정해진 시간 동안 일직선으로 걷는 것이었다. 실험자 일부는 낮에 걷고 나머지는 밤에 걸었다. 피실험자들은 모두 GPS 추적 장치를 달고 안개 속으로, 어두운 구름으로 걸어갔다. 시야가 흐려져 신뢰할 시각적 단서 없이 걷는 동안 피실험자들은 왼쪽 또는 오른쪽으로 방향을 틀면서 걷다가 결국 이전에 걸었던 길로 되돌아왔다. 시야가 밝은 낮에는 똑바로 걷다가 방향이 살짝 틀어지기는 했지만, 원을 그리며 되돌아오거나 이전에 걷던 길로 돌아오는 일은 거의 없었다. 밤에 달빛 아래 걷는 경우에도 결과는 동일했다. 다시 말해 하늘에 있는 태양 또는 달 같은 큰 단서들을 바탕으로 피실험자들은 일직선으로 걸을 수 있었고, 걷는 동안 태양이나 달과 비교적 일정한 각도를 유지하였다.

이후 실험에서는 눈가리개를 한 피실험자들이 비행장에서 진행된 실험에 참가했다. 경로를 재측정할 수 있는 지속적인 외부의 시각 인풋이 없는 상태에서, 첫 100미터 정도 이후부터 피실험자들은 20미터 지름의 원을 만들며 걷고 있었다. 여기서 새롭게 알게 된 사실은 간단하다. 인간은 내부에 방향 감각이 있어 몇 십 미터 거리를 걸을 때는 잘 작동하지만, 위치 재측정을 가능하게 하는 확실한 단서가 없는 먼 거리에서는 일직선 경로에서 벗어나 원을 그리게 된다는 것이다.

우리가 가고 싶은 곳에 도달하기 위해서는 두 가지 예측이 반드시 필요하다. 하나는 목표 지점까지 일직선상의 예측거리 그리고 또 다른 하나는 현장에서의 실질적인 예측거리로 장애물 등에 의해 다소 추가되는 거리다. 비교적 단순한 목적지여도 일직선으로 따라가다가 왼쪽 또는 오른쪽으로 방향 전환을 해야 하는 등 상황에 따라 어느 정도 우회할 필요가 생길 수 있다.

최근 어느 연구에서 과학자들은 어느 목표 지점에 도착하는 데 드는 시간 예측에 편견이 있는지, 아니면 목표 지점까지의 거리를 예측하는 데 편견이 있는지, 아니면 이 두 가지가 합쳐진 편견이 있는지에 대한 연구에 착수했다.[6] 그들은 가상 도시를 만들어 피실험자들에게 피자 배달원의 역할을 부여했다. 그들이 수행할 과제는 지속적으로 시속 35킬로미터를 유지하며 우회를 최소화하여 곧바로 도착하는 경로로 주행하거나, 상당히 많이 우회하는 경로를 통하는 것이었다. 단순한 경로들은 L자 모양의 방향 전환이 1회 있었고, 더 복잡한 경로들은 U자 모양으로 배달원들이 출발 지점에 가까운 곳까지 다시 가야 했다. 전반적으로 피실험자들은 일관되게 목표 지점까지 걸리는 시간을 과소평가했고, 일관되게 일직선상의 거리를 과대평가했다. 이를 통해 확인할 수 있던 것은 '도착하는 데 오래 걸리지 않을 거야'라는 사고 오류가 존재한다는 점이다. 우리는 거리를 잘못 판단하여 이동 시간을 과소평가하는 경향이 있는데 그 이유는 우리가 택하는 경로에서 겪을 복잡함을 과소평가하기 때문이다.

놀라운 것은 길을 잃을 수 있는 요인이 매우 다양함에도 불구하고 우리에게는 길을 잘 찾는 뛰어난 능력이 있다는 것이다. 우리의 어떤 내적 능력이 이를 가능하게 하는 것일까? 길을 정확히 모르더라도 주요 랜드마크, 도로 표지판 그리고 말로 표현하기 어려운 직관을 이용하거나 아주 오래전에 방문한 곳을 몇 년 후 다시 찾았는데 여전히 길을 잘 찾을 수 있는 것과 같이 즉흥적으로 목적지를 찾아낼 때 느끼는 만족감을 경험해보았을 것이다. 이는 어떻게 가능한 것일까? 사실 뇌에는 GPS 같은 고유의 위치 추적 시스템이 내재되어 있다.

인간이 과거에 대해 곰곰이 생각하고, 또 과거와 다른 미래를 상상하는 것에 능숙하다는 점은 길을 찾는 데 도움을 주는 또 다른 요인으로, 인간만이 가진 능력 중 하나다. 두뇌의 GPS 장치는 이 점에 착안해 기억, 또는 다른 미래에 대한 다양한 상상을 통해 과거로의 시간 여행을 할 수 있게 한다. 이것은 공간 지도가 아닌 시간 지도로, 공간 지도만큼 필수적이다. 두뇌의 GPS 장치가 손상을 입으면 과거의 기억에 접근하기가 힘들어지며, 기억을 기록하는 데 문제가 생겨 미래를 상상하는 일이 불가능하게 된다. 기억상실과 관련된 연구의 선구자였던 수잔 콜킨Suzanne Corkin이 했던 멋진 표현에 의하면, 그들의 삶은 '영구적 현재 시제'에 머물러 있다.[7]

시간 흐름에 대한 감각은 기억에 있는 감각뿐만 아니라 상상력과도 연결되어 있다. 흥미로운 사실은 기억상실증 환자들이 영구적 현재 시제에 머물러 있다는 점에서 일반인들처럼 지옥을 넘나드는 것과 같은 괴로움을 느끼지 않는다는 것이다. 아마도 자신이 살아온 시간을 상실하고 미래에 대한 다양한 상상 또한 상실했다는 것은 그들이 세계를 경험하는 방식을 재조정하는 듯하다. 이 연구는 사랑하는 이의 죽음처럼 삶을 송두리째 바꿔 놓는 큰 사건으로 겪는 고통은 현재의 상실뿐만 아니라 상상 가능한 미래의 상실에서도 생길 수 있다는 점을 시사한다.

우리는 또 다른 미래나 과거를 그려볼 뿐만 아니라, 목적지로 가는 다른 길이나 경로를 그려볼 수도 있다. 그리고 우리가 어떻게 풍요롭고 상상력으로 가득 찬 삶을 살아나가는지에 대한 미스터리의 열쇠는 현실 세계에서의 길 찾기를 사전 계획하고 지원하지만, 실행에 직접적으로 관여하지 않는 두 뇌영역의 활동과 일부 연결되어 있다. 예를 들어 해마체는 다리 움직임을 조절하지는 않지만 세상의 지도를 만들어 두뇌의 다른 영역이 다리 움직임을 조절하여 당신이 원하는 곳으로 걸어갈 수 있게 한다.

어느 환자가 뇌의 한 가지 기능만 제대로 발휘되지 않는, 특정 부위에 한정된 손상을 입는 경우는 드물다. 그러나 특정 종류의 부상을 입은 환자 사례들을 신중히 취합하다 보면, 뇌 영역의 기능에 대한 속성을 발견할 수 있다. 최근에는 다양한 뇌영상 기술과 뇌 속 전류를 측정하는 기법EEG(뇌전도 검사)을 포함한 다양한 방법이 개발되었다. 이러한 기술과 심리학에서 활용되는 실험 기법을 결합하여 뇌 영역과 두뇌 네트워크의 심리학적 기능에 대한 지도를 만들기 위한 시도인 '인지 신경과학'이라는 새로운 분야가 탄생하게 되었다.

HM이라는 이니셜로 알려진 어느 환자는 어렸을 때 자동차 사고를 당해 아주 심한 뇌전증을 앓게 되었다. HM의 뇌전증은 두뇌 좌우의 해마체에 집중됐었고, 1953년 절제 수술을 받았다. 수술을 담당했던 외과의인 윌리엄 스코빌William Scoville은 이를 두고 "솔직히 말해 실험적인 수술이었다"라고 말했다. 수술 결과, HM의 뇌전증 증상은 완화되었지만 회복 불가능한 영구적 기억상실증이 남게 되었다. 또 다른 부작용으로, 수술 후 지형적인 감각을 심각하게 상실하여 쉽게 길을 잃고 새로운 환경에서 길 찾는 경로를 외우지 못하게 되었다. 세상을 배워가는 모든 일상적인 학습 방법들이 그에게는 무용지물이 된 셈이다.

해마체는 공간적 위치를 학습하기 위해 필요한 기관이고, 걷기와 자발적 동작을 통해 뇌에 확실하고 반복적인 전기적 파동을 줌으로써 활성화된다. 이 파동을 '세타파Theta rhythm'라 하며, 이것이 걷기를 통해 활성화되면서 공간 학습이 가능해진다. 세상에 대한 지식을 쌓기 위해서 움직임은 필수적이고, 지식 축적을 위한 가장 좋은 형태의 움직임은 신체 운동이다. 그 중에서도 걷기가 최고인데 이는 인간이 걷기를 통해 쉽게 주변 정보를 수집하기 때문이다.

적어도 쥐의 해마체에 있어 세타파는 활동적으로 움직이기 위한 중요하고도 흥미로운 생물학적 특징이다. 세타파는 오래전부터 움직이는 쥐에서 발견되었기 때문에 인간의 두뇌에도 존재할 것이라고 예측되어 왔지만,[8] 인간에게 유사한 실험이 진행되지는 못했고 인간이 세타파를 보유하는지를 확인하는 것은 신경외과의 과제로 남겨져 있었다.

최근에 선보인 차세대 소형 신경심리학 기록 장치들은 뇌전증 수술 적합도 검사를 목적으로 뇌에 삽입하는 전극을 통해 인간의 세타파 존재 여부를 확인할 수 있는 가능성을 열어주었다.[9] 이 연구는 뇌전증 환자에게도 세타파가 존재하며, 사실상 자유롭게 움직이고 탐색하는 쥐들 안에서 발견되는 세타파와 크게 다르지 않다는 것을 보여줬다. 실험 대상이었던 인간을 포함한 모든 포유류는 주변 환경을 걸어 다닐 때 해마체에서 세타파를 발산한다. 다시 말해 세타파는 생물학적 보편성을 의미하며 많은 종에게서 발견되는 특성으로 뇌가 환경 안에서 활발하게 탐색하고 움직이고 있다는 신호다.

*

걷기는 뇌 영역들이 일시적으로 연합하여 움직임을 담당하는 근육 단위들을 조직화해 일어나는 현상이다. 이제 쥐들이 미로 안에서 어떻게 걸어 다니며 인지 지도를 만들어내는지 살펴보자. 미로 안에서 움직이는 쥐들의 뇌 안에서는 어떠한 일이 일어나는 것일까?

인지 지도와 관련된 톨만의 연구 결과에 강한 흥미를 느낀 신경과학자 존 오키프John O'Keefe는 유니버시티 칼리지 런던

University College London에서 실험을 진행, 오늘날 두뇌의 GPS 같은 구조를 이해하는 데 있어 혁명을 불러일으켰다. 그는 먹이를 찾아 단순한 미로 안을 돌아다니는 쥐의 해마체에 미세 전극을 삽입, 두뇌 세포에서 나타나는 전기 신호를 기록했다.[10] 그러나 쥐의 뇌 속에 있는 단세포가 만들어내는 전기 신호들은 너무나 작아 1만 배 이상 증폭되어야만 측정할 수 있었다. 이 신호들은 컴퓨터에 수집되어 스피커를 통해 들을 수 있었으며 쥐가 있던 위치는 비디오카메라로 기록되었다. 그 후 데이터 처리과정을 통해 세포 발화 위치, 즉 전기 신호가 나왔을 때 쥐가 있던 위치와 미로 안에서 쥐가 있던 위치가 합쳐진 지도를 만들었다.

뇌세포의 독특한 소리는 화난 벌떼 소리와 같고, 또 어떤 경우 죽어가는 말벌 소리를 내다가 조용해진 후 갑자기 다시 소리가 살아난다. 신경 세포들의 끊임없는 수다를 듣는 것은 정신을 번쩍 들게 하는 놀라운 경험이다. 우리는 전극 끝부분과 가까운 뇌세포 소리를 엿듣고 있는 것인데, 이 세포는 가까운 이웃과 먼 이웃들 모두와 대화를 나누고 있다. 보통은 접근이 불가능한 고요하고 어두운 심연 속의 뇌에서 나오는 그 무언가를 경험하고, 듣고 있는 것이다. 이 소리와 신호를 해독하는 것은 두뇌가, 즉 각각의 세포와 뉴런이 어떠한 일을 하는지 이해하는 지름길이다.

쥐가 미로 속 특정 구역을 탐색할 때를 제외하고는 해마 안의 단세포들이 대체로 조용하다는 놀라운 발견을 해낸 오키프 박사는 노벨상을 수상했다. 이 세포들은 특정 장소에서만 발화됐고, 쥐가 무엇을 하는지가 아니라 어디 있는지에 더 관심이 있었다. 쥐가 미로의 특정 구역으로 움직이면 조용했던 단세포가 갑자기 생명을 얻은 듯 활활 타올랐다. 계속 그 지점에 머물러 있으면 세포는 계속 발화하며 쥐의 위치를 다른 세포 친구들과 이웃 세포들에게도 송신했다. 여러 전극을 이용하여 동시에 해마 세포들의 활동을 기록하는 것은 마치 '두더지 잡기' 같았다. 쥐가 돌아다니면 하나의 세포가 조용해지고 또 다른 세포가 점화되는 현상이 계속 이어진 것이다. 작은 수레에 끌려 이동한 쥐들은 극적으로 감소한 해마 활동을 보여줌으로써 걷기가 매우 중요한 열쇠라는 점을 시사했다.

우리는 뇌에 심은 미세 전극을 이용하여 인간에게도 위치 세포가 있다는 사실을 알게 되었다.[11] 위치 세포는 자신이 있는 위치를 파악하게 만드는 인지 지도의 중심 요소임이 확인되었는데, 이것은 걷는 동안 가장 효과적으로 작동하고 가장 많은 정보를 습득한다.

위치 세포는 쥐가 어느 방향을 향하고 있는지 부호화할

수 있다. 쥐의 위치 세포는 '방사형 미로'에 기록되는데, 이는 중앙에 허브가 있는 실험 구조로 쥐는 미로의 복도 끝까지 이동하여 먹이를 찾아 되돌아오는 행동 과제를 수행하게 된다. 이러한 환경에서 위치 세포는 한쪽 방향으로 발산하고, 다른 방향으로는 발산하지 않는 방향 선호도의 특성을 보인다. 우리가 산비탈을 걷거나 익숙하지 않은 동네에서 길을 잃었을 경우, 한 방향으로만 걸었을 가능성이 높다. 위치 세포는 특정한 한쪽 방향으로 걸을 때 점화하지만, 다른 방향으로 걸을 경우 점화하지 않는다. 그리고 길을 잃었다는 사실을 인지한다는 것은 해마의 위치 세포로부터 지속적인 피드백을 받지 못했을 때다.

이러한 위치 세포들의 활동은 가상 미로를 탐색하는 동안 높은 활동량을 보이는 해마를 관찰하는 뇌영상 실험을 통해서도 확인할 수 있다.[12] 초기 대다수의 방향 및 탐색 관련 뇌 활동 영상 실험들은 뜻밖의 지원을 받게 되는데, 이는 바로 시각적으로 화려한 3차원 '전쟁놀이'를 소재로 하는 사격 비디오 게임의 개발을 통해서였다. '솔저 오브 포춘Soldier of Fortune'이나 '둠Doom' 같은 게임들은 어려운 지형과 의도적으로 어두운 조명, 막다른 길 등 힘든 과제들이 포함된 확장 개념의 길 찾기를 기본으로 미션을 진행한다. 이 게임들은 복잡한 미로에서 벗어나는 데 필요한 길 찾기와 잠재 학습력을 볼 수 있는 거의 완벽한 도구였다. 가끔 죽음을 맞는 등의 추가된 리얼리즘은 수천 년 전 맹수들을 쫓아 사냥한 기억들을 일깨울 수도 있다. 이 실험에서 피실험자들은 fMRI 스캐너에 누워 간소화된 버전의 게임을 한다. 이때 뇌에서 각기 다른 영역의 활동이 측정되는데 해마를 중심으로 연결된 영역의 네트워크에서 신호가 확실하게 발견되었다.

오키프 박사의 위치 세포에 대한 설명은 당시 경이롭게 다가왔을 것이다. 뇌의 깊은 곳에서 하는 활동이 실시간으로 기록되고, 귀로도 들을 수 있고 관찰할 수 있는 세포들이 존재한다는 것은 실로 놀랍다. 오키프 박사가 실험을 진행했을 당시엔 움직이는 동물 또는 인간의 단세포 활동을 기록할 수 있는 연구소가 세계적으로도 많이 존재하지 않았다. 일반적으로 이러한 실험들은 깊은 마취에 빠진 동물들을 대상으로 진행해야만 했다. 수년간 오키프 박사의 연구는 냉담과 무관심의 대상이었을 것이다. 그러나 그가 제시한 놀라운 증거는 서서히 다른 과학자들도 그의 발자취를 따르게 만들었다.

뉴욕의 제임스 B. 랭크 주니어James B. Ranck Jr.가 바로 그러한 과학자 중 하나였다. 랭크도 해마체를 기록하는 실험을 진행했는데, 초기에는 쥐가 걸어 다니고 탐색하기 어려운 작은 박스 같은 제한된 공간에서 실험하여 위치 세포의 존재를 놓쳤었다.[13] 그러나 랭크는 이후 '머리방향head-direction' 세포라는 자신만의 놀라운 발견을 발표한다.[14] 이는 해마체와 인접한 뇌의 다른 영역인 등쪽 전구상회에 있지만 해부학적으로 해마체의 일부가 아닌 세포들이다. 머리방향 세포들은 쥐의 머리 위치에 대한 방향 정보 신호를 전달하는데 이는 나침반 원리와 유사하다. 또한 머리방향 세포들은 위치 세포와 마찬가지로 머리의 회전 또는 병진(평행 이동)운동이 아니라 동물이 향하는 방향에 따라 신호를 점화한다. 이 세포들은 무엇을 하는지에 관심을 두는 것이 아니라, 있는 환경에서 어디로 향하는지에 더 주안점을 두고 있다.

마침내 우리는 제대로 된 뇌인지 지도의 요소들을 취합하기 시작했다. 위치 세포들은 공간 내 위치를 부호화하고, 머리방향 세포는 어디로 향하고 있는지 부호화한다. 다시 말해 우리가 어디에 있고, 어디를 향하고 있는지를 인지하는 데 뇌의 두 개 영역 세포들이 직접적으로 관여하는 것이다. 2000년대 초 이후 확장된 해마 형성체라 부를 수 있는 수많은 세포들이 발견되었다. 예를 들어 노르웨이의 연구학자인 에드바르드 모세르Edvard Moser와 마이 브리트 모세르May Britt Moser는 내후각피질 안에서 '격자세포'라 불리게 되는 세포를 발견했고, 이는 오랫동안 많은 이들이 궁금해했던 뇌가 어떻게 공간의 크기를 알 수 있는가에 대한 답이 됐다. 내후각피질 격자세포는 짧은 거리에서 뇌가 거리를 부호화할 수 있는 측정 단위를 제공하는 것으로 보인다. 오키프 그리고 모세르 등은 뇌의 GPS 체계와 관련된 연구로 노벨상을 공동 수상했다.[15]

현재 뇌의 GPS 체계는 다수의 상호 연결된 뇌 영역에 분포되어 있다는 것으로 알려졌다. 게다가, 우리의 공간지각능력에 기여하는 여러 형태의 세포들이 있다. 위치 세포는 지금 어디에 있는지, 머리방향 세포는 어디로 향하는지에 대한 신호를 알리고, 구상회의 경계 세포와 전방 시상, 전장은 환경의 경계선에 대해 알려 주며, 격자 세포는 공간에 대한 측정 단위를 안내한다. 중심이 되는 주요 GPS 체계와 함께 사물에 이르는 거리, 머리와 몸이 움직이는 속도와 상대적으로 몸이 곧은 자세를 취하고 있는지에 대해서도 신호를 보내는 다른 세포들이 있다. 그러므로 인지 지도는 더욱더 복잡해진다. 최근 몇 년 동안 또다른 형태의 세포들이 많이 발견됐다. 한 학술지는 머리방향 세포가 최소 아홉 개 이상의 각기 다른 뇌 영역에 있다고 밝혔다.[16] 뿐만 아니라 뇌는 주변 공간의 경계를 알리는 신호들을 여러 형태로 그려내는데, 바로 동물이 높은 벽이나 걸어 지나갈 수 없는 수직강하 지형과 같이 통행 불가 지

역의 경계에 인접해 있을 때만 점화되는 세포들이다.[17]

나는 우리가 움직일 때 어디로 향하는지에 대한 신호를 보내는 세포, 미로 공간에서 경계 위치에 대한 신호를 보내는 세포 그리고 공간에서 움직이지 않는 장애물에 대한 신호를 보내는 세포를 이해하기 위한 연구에 집중해왔다. 우리는 두 개의 다른 뇌 영역에서 경계에 대한 신호를 내보내는 주변 세포를 발견했다. 하나의 영역은 해마체와 폭넓게 연결되는 문측 시상Rostral Thalamus이고, 또 다른 영역은 뇌의 전방에 위치한 신비하고도 얇은 세포판인 전장Claustrum이다.[18] 주변 환경에 있는 사물의 존재에 반응하는 세포들도 발견되었다. 이들은 시각, 촉각과 공간으로부터의 정보를 결합하여 특정 사물을 부호화하는 '다감각' 세포다. 다른 세포들은 쥐가 길 찾기를 통해 가고자 하는 목표 지점에 반응하는데, 쥐들이 미로 속 보상을 주는 먹이에 접근하면 발화한다.

뇌 속 GPS 체계는 우리가 걷기라고 인식하는 일관성 있고 의도된 몸의 움직임을 가능하게 한다. 이러한 뇌의 GPS 체계는 다양한 종에게서 발견되고, 진화에 의해 '보존'돼 왔다. 이 새로운 발견은 우리가 뇌에 대해 알던 경계를 확장할 뿐만 아니라 생물학적 뇌와 유사한 방법으로 길 찾기의 문제를 해결하려 하는 '생물학적 개연성'이 있는 로봇 개발로도 이어졌다. 뇌의 길 찾기와 지도 그리기 그리고 정보 저장 체계는 복잡하게 얽혀 있어서 거의 한 덩어리라고 볼 수 있다. 어디로 걸어간다는 것은 뇌의 길 찾기 시스템에 달려 있고, 걷는다는 것은 뇌의 지도 그리기와 길 찾기 시스템에 많은 양의 정보를 지속적으로 제공한다는 것을 의미한다. 이들은 상호증진 및 보완체계다.

우리가 아직 예측하지 못하는 것은 앞으로 얼마나 더 많은 다양한 세포들이 발견되어 신경 분야 전문가들에 의해 새로운 인지 지도가 그려지게 될지의 여부다. 머리방향 세포들은 최소 아홉 개의 뇌 영역에서 발견되었다. 위치 세포는 세 개 영역에서, 또 격자 세포는 두 개 영역에서만 발견되었다. 우리는 뇌가 왜 이렇게 다양한 위치에서 다수의 머리방향 부호화를 유지해야 하는지를 아직 이론적으로 설명하지 못한다. 개인적인 의견으로는 머리방향 세포의 신호는 뇌 과학 분야에서 과소평가되어 왔으며, 머리방향 세포는 인지의 지속이라는 관점에서 미묘한 역할을 하지만 여전히 완벽하게 이해되지 못하고 있다고 본다. 쥐들의 놀이, 먹이 수집 및 주변을 탐색하는 모습을 관찰하면 머리가 지속적으로 움직이고 있다는 것을 알 수 있다. 그들은 주변에 대한 지속적인 정보 수집 활동을 하고 있는 것이다.

인간의 머리는 어떠한가? 우리의 머리는 매우 쉽게 움직이는데, 그 안에서 눈은 독립적으로 움직인다. 인간들의 상호작용을 관찰하면 머리는 계속 미세하게 방향을 전환하고, 눈도 항시 움직이며 환경에 대한 탐색을 한다. 인간과 다른 영장류 동물들은 머리에 있는 눈 위치와는 별개로 눈 움직임을 조절하고 흥미로운 사물에 관심을 집중시키는 지극히 정교한 체계를 지니고 있다. 그러므로 이 관점에서 살펴보면 머리방향을 부호화하는 신호의 다양성은 놀랍지 않다. 아마 머리방향 세포가 다양한 뇌 영역에 발견되는 이유는 일차적으로 눈의 급속 안구 운동을 위해서이고, 다음으로는 머리가 관심 있는 물건에 재빠르게 시선을 주고 옮길 수 있도록 하면서 신속한 의사 결정을 하기 위함일 것이다.

과학자들의 연구를 통해 우리는 뇌가 어떻게 공간의 3차원적 위치를 부호로 처리하는지 이해할 수 있다. 첫째로 뇌는 실제 GPS와 유사한 체계를 지니고 있다. 뇌의 GPS는 우리가 있는 공간에서 무엇을 하는지와는 상관없이 그 위치를 부호화하고, 확실하고 안전한 대피 또는 주거 공간을 확보하고 이를 기억하고, 안전한 먹거리를 찾는 등 생존에 필수적인 문제들을 해결할 수 있도록 한다. 이 체계는 걷기 또는 달리기와 같은 움직임에 의해 활성화된다. 또한 인간의 뇌 GPS는 공간

이동뿐만 아니라 정신적인 시간 여행에도 이용된다. 더 나아가, 주변 환경에 있는 포식자들로 인해 생기는 문제점들을 해결할 수 있도록 도와준다. 탐색 중 '잠재 학습'을 통해 몸을 숨길 수 있는 대피처가 어디인지 알 수 있고, 해당 대피처의 경계 범위를 알고 먹잇감이 되지 않도록 정보를 재빠르고 효과적으로 처리한다.

걷기 여행을 통해 우리가 길을 어떻게 찾고 어떻게 길을 잃게 되는지 그리고 우리가 살고 있는 이 세상을 내재한 지도로 어떻게 작성하는지에 대해 알아보았다. 우리가 살고 있는 이 세상은 갈수록 도시화되고 복잡해지고 있다. 우리가 사는 도시는 인위적인 공간으로, 인간이 함께 진화해온 자연 세계와는 동떨어져 있다. 대부분의 사람들이 생활하며, 우리가 걸어 다니는 주변 마을 중에서도 도심은 특히나 인공적인 공간이다. 이제 도시에 펼쳐진 길을 걸어보면서 도시가 인간의 걷기에 어떠한 영향을 주는지 알아보도록 하자.

5

도시를 걷다

"살기 좋은 도시들의

가장 큰 장점은 걷기 좋다는 것이다."

- 도시 설계자, 제프 스펙Jeff Speck

걷기는 도시를 알아가는 가장 좋은 방법이다. 운전을 하거나 차를 탄 상태에서는 도시 분위기나 에너지, 생활 속도를 알 수 없다. 걸어 다닐 때야말로 비로소 도시의 냄새, 경치, 인도를 바삐 걸어가는 발자국 소리, 서로 먼저 가기 위해 어깨를 스치는 상황, 가로등, 대화 소리들을 포함한 도시의 삶과 명암에 직접적으로 녹아들 수 있다.

아름다운 도시와 사랑에 빠진 이는 비단 나 혼자만이 아닐 것이다. 이처럼 한가로이 도시의 길을 걸어 다니는 사람들을 샤를 보들레르Charles Baudelaire는 플라뇌르Flaneur라고 정의했다. 플라뇌르는 19세기 파리의 자유로운 산책가, 관찰가이자 통신원을 이르는 말이었다. 그러나 도시는 그 당시와는 상당히 많이 달라져 오늘날 플라뇌르는 차량들로 인해 건널목에서 녹색의 보행신호를 기다리게 되었다. 최근 유엔은 전 세계

인구가 2050년 97억명을 거쳐 2100년에는 109억명에 이를 것이라고 전망했으며, 2050년이 오기 전에 인구의 80~90퍼센트 이상이 도심에서 거주할 것이라고 예측했다.

그렇다면 이러한 도심 극대화가 걷는 능력에 어떠한 영향을 미칠까? 도심 환경에서 걷는다는 것은 쉬운 일일까? 도시에서 걷는다는 것은 어떠한 경험일까? 도시를 걷는 것은 시골길을 걷는 것과는 다른 새로운 과제를 선사한다. 산비탈을 걸으면 수많은 세대들이 오랜 기간에 걸쳐 걸어온 발자국들이 자연스럽게 만들어낸 길을 따라 걷게 되는 경우가 많다. 이는 현대 도시에서는 가능하지 않은 일이다. 도시에서 우리가 걷는 곳과 걷는 지면은 인간의 움직임에 의해 자연스럽게 만들어지지 않았고, 의도된 디자인과 공학을 이용해 설계됐다. 보행자 도로는 재료의 소재와 디자인에 따라 다르다. 콘크리트를 부은 형태도 있고 커다란 슬라브판인 경우도 있다. 누군가가 그 소재와 구조에 대해 생각하고 제작해서 필요한 공간에 설치되어 우리가 걷는 환경의 아름다운 한 부분이 되기를 바란다.

그러나 대부분의 도시에서 도시 설계사의 최우선 과제는 교통 흐름을 관리하는 것이고 걷기에 좋은 도시를 만드는 것은 차후 문제가 되었다. 마치 엔지니어들을 비롯한 설계사들이 인간의 삶을 박스, 즉 이동하는 상자(자동차)와 움직이지 않은 상자(건물) 안에서 생활하는 것을 정답으로 제시한 듯하다. 걷기 적합성은 상자 간의 환승 거리가 얼마나 짧은지로 결정되며, 어떤 면에서 그것은 맞는 말이다. 우리는 삶의 대부분을 자동차, 버스, 기차 또는 건물 안에서 보내고 얼굴에 자연 햇빛을 받고 공기를 직접 들이마시는 데는 비교적 짧은 시간을 소비한다. 이렇듯 자연을 접하는 시간이 적은 것은 인간이 구축한 환경 디자인에 의한 결과로, 의도적으로 변화를 주지 않는 이상 어쩔 수 없다.

걷는 이들은 도시 설계사들에 의해 몰리듯 건널목 또는 교차로에 서 있어야 하는 상황에 놓여 자연스러운 움직임에 제한을 받게 되고, 이로 인해 사람들은 엔지니어들이 설계한 길이 아닌 자신만의 길을 만들어 걷고 싶어한다. 이러한 보행길이나 지름길을 디자이너이자 건축가인 앤드류 퍼만Andrew Furman은 '욕망의 길Desire path'이라 표현했고 작가 로버트 맥팔레인Robert Macfarlane은 '자유 의지의 길Free-will ways'이라 명명했다. 맥팔레인은 "이 길과 트랙들, 특히 디자인과 설계에 반하는 길들은 걷는 이들의 소망과 발걸음에 의해 오랜 시간에 걸쳐 만들어진 것"이라 서술했다.[1]

우리는 도시화가 우리에게 주는 교훈과 삶의 모든 부분

에 어떠한 영향을 미치는지 여전히 알아가는 중이다. 그럼에도 불구하고 도시 디자인이라는 개념은 신경과학자들과 심리학자들이 아닌 건축가들과 도시 설계사들이 소유하고 실행하는 것으로 이미 자리 잡혔다. 이것은 실로 안타까운 일이 아닐 수 없다. 심리학과 신경과학은 도시의 거주 적합성과 걷기 적합성 개선에 초점을 맞춰 도시 설계에 과학과 감수성을 접목할 수 있는 부분이 상당히 많다. 걷는 이들의 요구사항들을 제대로 적용한 도시 계획은 도시를 사람들이 살기에, 또 일하기 아름다운 곳으로 만들 것이다. 윈스턴 처칠은 "사람은 건물을 만들고 건물은 사람을 만든다We shape our buildings, and then our buildings shape us."라는 명언을 남겼다. 같은 맥락에서 사람이 도시를 만들고, 도시는 사람을 만드는 것이다. 이 비유를 확장하자면 우리가 만드는 도시 형태가 우리의 도심 속 걷기를 규정하기에, 그것이 좋은 방향이든 나쁜 방향이든, 결국 도시는 사람을 걷게 만든다.

우리에겐 걸을 수 있는 도시를 만들 수 있는 무한한 가능성이 열려 있다. 우리에게 필요한 것은 걷는 이들의 요구 사항과 도시 설계사들, 심리학자들, 신경과학자들의 전문성을 접목할 수 있는 상상력이다. 결국 과학, 상상력과 이를 입증할 자료들은 정책으로 이어지고, 이를 통해 이용하기 편하고 흥미로운 길들이 다양하게 만들어져야 한다. 건널목 디자인, 가로 시설물, 보행자길과 인도를 구성하는 소재의 질감과 종류, 자동차와 버스의 유무 등 모든 것이 도시의 걷기 적합성 평가에 긍정적인 혹은 부정적인 작용을 할 수 있다.

어떤 도시들은 숨이 트이고 유연한 특성이 있어 주변을 걸으면 즐거움을 느낄 수 있다. 반면, 걸으면 어색하고 왠지 모르게 피곤하고 심지어 위험하기까지 한 도시들도 있다. 특정 환경과 다른 환경에서 어떻게 걸을지 생각하고 비교하는데 유용한 방법은 '걷기 적합성 지표'를 만드는 것이다. 이는 여러 가지 방법으로 고안할 수 있는데, 단순하게 생각하면 일상적으로 매일 해야 하는 일을 걸으면서 얼마나 쉽게 수행할 수 있는지 다른 이동 수단과 비교해서 측정할 수 있다.

걷기에 아주 적합한 도시는 현관문, 또는 호텔 로비를 나서면 편의시설이 걸어서 수분 이내에 있다. 날씨가 허락하면 동네 식당이나 학교를 걸어서 오갈 수 있다. 걷기 적합성이 높다는 것은 자동차를 이용하지 않아도 걸어서 일상 활동에 가능한 많이 참여할 수 있다는 말이다. 어떤 도시들 그리고 도시의 일부 지역은 다른 도시보다 이런 것들이 더 쉽게 가능하다. 이탈리아의 아름답고 걷기 편한 도시인 볼로냐에 대해 유명 작가인 움베르토 에코는 "이 도시는 개성이 가득하고 눈에 거슬리는 부분이 전혀 없다 (……) 지역 주민들을 위한 커뮤니티 공간, 쇼핑가, 바, 상점들로 가득한 도시는 시선이 향하는 방향에 상점의 전면, 카페의 테이블들, 다른 사람들의 시선과 마주칠 수 있도록 디자인되어 있다"라고 극찬한 바 있다.[2]

이와 정반대의 도시들은 자동차 의존도가 높은 도시들로, 거의 모든 일상 활동에 자동차가 필수적이다. 몇몇 도시들을 대상으로 한 연구에서 도시의 걷기 적합성이 높을수록 활동 불평등 지수는 낮게 나왔는데, 이는 인구 비만도 또한 전반적으로 낮다는 것을 의미한다.[3] 미국에 있는 같은 주 내에서의 비교가 이 점을 정확하게 증명한다. 캘리포니아 주의 세 개 도시(샌프란시스코, 산호세, 프리몬트)는 비슷한 기후 조건과 그리 차이 나지 않는 경제적 수준 그리고 비교적 유사한 인구통계학적 특성을 보인다. 세 도시 가운데 샌프란시스코는 산호세나 프리몬트보다 높은 걷기 적합성 점수를 받았고 활동 불평등성 지수는 가장 낮았다. 뉴욕, 보스턴과 샌프란시스코가 미국 도시 중 가장 걷기에 적합한 도시들이며, 자연스럽게 가장 높은 걷기 양과 평균적으로 낮은 비만도를 보인다. 걷기 적합성이 낮은 도시들은 반대 결과를 보인다.

"살기 좋은 도시들의 가장 큰 장점은 걷기 좋다는 것이다"라고 유명한 도시 설계자인 제프 스펙Jeff Speck은 말했다.[4]

그리고 스펙에 의하면 도시에서의 걷기나 산책은 실용적이고, 안전하고, 편안하고 흥미로워야 한다. 스펙은 걷기가 실용적이 되기 위해서는 일상생활의 대부분이 가까운 곳에서 이뤄져야 하고 걷기가 도움이 될 수 있도록 일상생활이 잘 계획되어 있어야 한다고도 말했다.

걷기는 안전해야 한다. 이는 따로 입증이 필요 없는 자명한 사실이나, 가끔 간과되곤 한다. 보행자들은 빠른 속도의 차량 때문에 위험을 감수해야 하는 상황이 되어서는 안 되고, 도시 공학자들로부터 적어도 교통 흐름을 고려하는 것과 같은 수준의 배려와 존중을 받아야 한다. 도시에서 운전하는 데 들이는 투자만큼 걷기에 투자한다고 상상해보라. 또한 걷기는 편안해야 하는데 스펙은 이와 관련해서 도시 설계사와 디자이너들이 도시에 있는 도로를 '야외에 있는 거실'이라고 생각해야 한다는 매우 효과적인 아이디어를 제안했다. 도시 이용자이자 걷기 주체자인 우리들은 길을 걸으며 오락거리, 앉을 자리, 음료와 기분 전환 거리 등으로 환영받을 수 있어야 한다. 마지막으로 걷기는 흥미로워야 한다. 스펙은 걷기가 흥미롭기 위해서는 도로에 '외관이 친근하고 인간미가 넘치는 독특한 건물들'이 있어야 한다고 말했다.

아마도 도시에서 걷기에 가장 확실하게 즐거운 공간이자

앞서 언급한 네 가지 조건들을 모두 만족하는 곳은 녹지 공간일 것이다. 런던의 하이드 파크, 더블린의 피닉스 파크, 뉴욕의 센트럴 파크, 파리의 뤽상부르그 공원, 벵갈루루의 커반 파크Cubbon Park 또는 로마의 빌라 보르게세 공원Villa Borghese Gardens 등 아주 일부만 언급했지만, 이 공원들 이상으로 도심을 즐기기에 더 적합한 공간이 있을까 싶다. 그러나 도시화가 일방적인 속도로 가속화됨에 따라 개발이 역사적인 녹지 공간들을 침범하고, 도시 열섬효과를 감소시켜주는 나무와 울타리들이 유실되고 있다는 우려가 높다. 서유럽은 훌륭한 공원들로 가득한 오랜 도시 문화가 수백 년에 걸쳐 발달해왔고, 기아, 질병 그리고 전쟁과 같은 상황에서도 살아남았다. 녹지 공간들은 회색빛 콘크리트와 타르 물결들 사이에서 위기를 맞고 있는 것일까?

유럽의 366개 도시 1억 7,100만 명을 대상으로 한 녹지 공간에 대한 연구에서 연구원들은 녹지 공간의 면적에 많은 차이가 있다는 것을 알게 되었다.[5] 이탈리아에 있는 레지오 칼라브리아 시Reggio di Calabria의 경우 녹지 공간은 도시 면적의 2퍼센트를 차지하고 있는 반면, 스페인에 있는 페롤 시Ferrol는 전체 면적의 46퍼센트가 녹지이다. 그 이유가 도시가 확장할 때 녹지 공간을 밀어내고 개발되기 때문일까? 아니면 녹지 공간이 무언가 변화하기 힘든 특성, 즉 한번 녹지 공간이 되면 계속 녹지 공간으로 남게 되는 특성을 가지고 있기 때문일까? 연구에 따르면 건물이 추가적으로 건축되는 것(건물이 건축되는 공간 확장)이 아니라 건물 용적율이 증가(기존 공간에 건축물을 짓는 것)하는 현상이 일어나고 있고, 인구 증가에도 불구하고 녹지 공간의 비율은 비교적 안정적으로 유지되고 있다. 자연에 대한 접근성이 용이한 것이 우리의 정신 건강에 크게 기여한다는 점에서 매우 좋은 소식이다. 그러나 도시 인구가 증가하면 1인당 평균 녹지 공간율이 필연적으로 감소할 수밖에 없다.

도시로의 대규모 이동 외에 중요한 인구 통계학적 변화는 고령화다. 전 세계를 기준으로 최근의 평균 수명은 71.5세로 확인되는데, 이는 로마제국 시대의 평균 수명인 25세와 비교하면 어마어마하게 증가한 것이다.[6] 고령화 세대는 대부분 도시에 살기를 원하거나 도시에 살아야만 한다. 그러나 이들이 도시에 사는 것이 과연 안전할까? 우리의 신체와 두뇌는 걷는 속도와 반응 속도가 느려지는 등, 나이가 들수록 변하게 된다. 인간의 고령화와 함께 신체가 필연적으로 쇠약해진다는 점은 마을과 도시 계획에 고려되어야 할 필수적인 항목이다. 비교적 최근에 노년층에 접어든 이들은 신속하게 건널목을 건너지 못하거나 보행 보조기를 비롯한 기타 걷기 보조 기술이 필요할 수도 있다. 디자인의 단순화가 그들의 보행을 방해할 수도 있는데, 일례로 인도가 건널목과 만나는 부분이 건널목과 도로를 쉽게 건널 수 있도록 턱이 낮춰져 있지 않는 경우다. 우리는 노인층과 그 이후의 세대가 독립성, 인간의 존엄성과 개인의 사회적 안녕을 잃은 상태로 집에 갇혀 지내게 되는 중벌을 내린 셈이다.

영국에서 65세 이상의 성인 3,145명을 대상으로 실시한 한 연구에서는 고령화에 따른 보행 속도를 검사하여 신호등이 설치된 건널목에서 건너는 것과 같은 단순 과제들이 어렵거나 불가능한지를 조사했다.[7] 연구 결과 남성의 84퍼센트와 여성의 94퍼센트가 보행에 이상이 있는 것으로 조사되었다. 일반적으로 건널목의 신호는 1초에 1.2미터를 걸을 수 있는 성인의 보폭에 맞추어져 있다. 그러나 조사에 참여한 노년층 대부분은 이 속도보다 느리게 걸었다. 이는 그들이 교통량이 현저하게 낮은 경우에만 안전하게 길을 건널 수 있다는 것을 의미한다. 노인층은 인구 통계학상 동일 연령대의 비율을 감안하면 도로에서 교통사고를 당할 가능성이 더 높은 것으로 나타났다.

현재의 고령화 사회가 도시 설계에 도전 과제를 제시하

고 있다는 사실은 의심할 여지가 없다. 그러나 걷기 적합성에 초점을 맞춘 디자인의 작고 미세하지만 지속적인 변화는 사회 전반에 걸쳐, 특히 개인에게도 큰 이익을 가져다준다. 노인층과 장애인들의 보행을 쉽게 만들어주는 변화들은 우리 모두의 보행에도 도움을 준다. 보행 램프와 턱을 낮춘 인도는 목발을 짚거나 휠체어나 다른 보행 보조 기구를 사용하는 이들뿐만 아니라, 어린아이들을 태운 유모차를 밀고 다닐 때도 도움을 준다. 다시 말해 걷기에 적합한 도시는 눈에 보이는 방법과 눈에 보이지 않는 다양한 방법으로 모두에게 혜택을 준다. 걷기 적합성은 건강과 웰빙에 도움을 준다는 가시적인 효과뿐만 아니라 창의성, 생산성과 사회의 풍요로움에 보이지 않는 혜택을 가져오기 때문이다.

*

도시를 걷기 좋게 만드는 것은 자동차가 없어도 이동을 편하게 하기 위해서만이 아니다. 이는 당장 확연하게 드러나지는 않지만 사회 전반에 많은 긍정적인 효과를 가져온다. 인구가 밀집되었지만 무질서한 도시 개발을 최소화하여 걷기 좋은 도시를 만드는 계획은 경제적으로, 또 환경적으로 지속 가능하다. 이들은 운송비와 운송 시간을 감소시키고, 동시에 도시인들이 더 오래 걸을 수 있도록 해준다. 결과적으로 이 움직임은 뇌와 심장의 건강을 유지시킬 뿐 아니라 기능을 증진시키는 혜택을 가져오고 앞서 보았듯이 비만의 가능성을 낮춘다. 이러한 변화는 도시인들의 건강 상태가 좋아지고 범죄율이 낮아지고 사회적 결속력이 높아지는 것과 직접적으로 연결된다.

그동안 도시 환경은 크게 개선되었다. 불과 150년 전만 해도 도시의 도로들은 공중 보건과 거리가 멀었다. 하수도는 노출되어 있었으며 실내 화장실은 찾기 어려웠고, 분뇨와 폐수, 오수 처리 시설이 특히 부실했다. 자연스레 질병이 증가했고 콜레라와 장티푸스가 셀 수 없이 많은 이들의 건강을 위협했다는 사실은 전혀 놀랍지 않다. 만성 불면증을 해소하기 위해 장시간에 걸친 위험한 산책을 감행했던 찰스 디킨스는《올리버 트위스트》에서 런던의 골목들은 '런던에서 가장 더럽고, 가장 이상하고, 가장 놀라운 현지인들과 숨겨진 구석들로 가득한 곳'이라 표현했다. 또한《리틀 도리트》에서 디킨스는 "아름답고 깨끗한 강이 아닌 죽음의 하수가 밀물과 썰물이 되어 도시의 심장부를 관통해 흐른다"라고 묘사했다. 이는 당시 개방된 하수관이라고 불리던 거대하고 위대한, 그러나 생명력을 잃고 심각하게 오염된 템즈 강이었다. 시간이 지나 개방된 하수 시설은 폐쇄된 형태로 바뀌었고, 하수 처리의 중요성이 대두되었다. 이는 환경 공학이 이루어낸 중요한 성과였다. 도시 공학자들은 눈에 보이지는 않지만 대기와 쓰레기 속에 존재하는 미세한 병원균에 의한 위협을 제거하기 위해 도시를 디자인했다.

건축 비용을 아끼기 위해 오물로 가득한 과거의 개방형 하수 시설의 시절로 돌아가야 한다고 주장하는 이는 아무도 없을 것이다. 많은 개발도상국들은 어려움 속에서도 안전한 하수 처리를 위해 애쓰고 있다. 도시 설계에 있어 향후 나아가야 할 방향은 당연히 정신적·신체적 건강에 대한 지식을 우리가 사는 이웃, 마을, 도시 디자인에 접목시키는 것이고 이를 위해서는 걷기 적합성을 최우선 과제로 삼아야 한다. 이러한 도시 디자인의 발전은 도시 거주자들의 삶을 크게 개선해준다는 것이 입증된 바 있는데, 더 건강하고 깨끗하고 쾌적한 도시 환경은 도시를 더욱더 살기 좋은 곳으로 만들고 결국 더 건강하고 행복한 삶을 누릴 수 있는 곳이 되는 것이다.

걷기 좋다는 것은 도시와 도시 속 우리가 사는 마을과 인근 지역의 사회적 특성을 바꾸기도 한다. 대규모 도시 개발이 진행되었지만 아직 대중교통 시설이 열악한 도시로 이사했다고 상상해보자. 이동을 하려면 자동차가 필요할 것이다. 열악한 교통 시스템 하에서는 즉흥적인 사회적 교류의 기회가 줄어들 수밖에 없다. 차 안에 있으면 직접 만나 상호작용을 하거나 우연한 대화의 기회가 줄어들고 유리창을 사이에 두고 눈으로만 볼 수 있을 뿐이다. 이와 반대로 길모퉁이, 카페, 동네 상점마다 우연한 만남이 쉽게 이루어지는 바글거리는 동네에서는 더 빠르고 쉽게 사회적 네트워크를 형성할 수 있다.

사회성 증가 외에도 도시를 걷기 좋게 만드는 것은 경제적 활동의 증가라는 또 다른 심오하고 중요한 효과를 가져온다. 시내 번화가의 접근성이 좋은 사무실이나 상점들은 교외의 상가들보다 상당히 더 많은 프리미엄이 붙는다. 이것은 다양하게 설명될 수 있겠지만 가장 직접적인 이유는 자동차로 이동한다면 불가능했을 개인적인 소비를 위한 시간이 걸을 경우 더 많이 생기기 때문이다. 뿐만 아니라 이러한 경제 활동을 통해 돈은 지역 사회 안에 남게 된다. 반면 자동차로 이동한다면 연료비나 자동차 관리에 소비되는 비용은 지역 경제 밖으로 유출된다.

다시 말해 걷기 좋은 도시들은 '응집효과'가 있다. 걷기 적합한 곳은 공간 근접성이 높아 비즈니스 미팅, 친목 도모 또는 우연한 만남과 사회적 상호작용 등이 이루어지기 쉽다. 경제학자들은 자동차 의존도가 높을수록 경제적 생산성이 떨어진다고 이미 지적한 바 있다.[8] 다양한 사회적·경제적·신체적 혜택들은 자연스러운 행동을 통해 쉽게 얻어지는데, 바로 걷기다.

일반적으로 도시 규모가 클수록, 또 경제력이 높을수록, 그리고 특히 경제 성장이 더 높을수록 해당 도시 거주자들은 더 빨리 걷는 것으로 알려져 있다. 1974년 심리학자인 본스타인Bornstein과 그의 동료들은 유럽, 아시아와 북미의 15개 도시와 소도시에서 보행자들의 걷는 속도를 측정했다.[9] 그들은 지역의 특정 문화와는 별개로 그 도시의 인구수에 따라 생활 속도가 다르다는 것을 알게 되었다. 일반적으로 대도시 거주자들이 더 빨리 걷는 것으로 나타났다. 이러한 결과가 나온 이후에도 실험이 여러 차례 반복되어 도시의 어떠한 점이 걷는 속도에 영향을 미치는지 알아보려는 시도가 있었다. 도시에서 빨리 걸으면 보상(식당, 버스나 지하철 등의 자리)이 더 커질수록 그리고 보상에 대한 경쟁심이 더 클수록 생활 속도를 더 빠르게 하는 요인이 되는 것일까? 지리학자인 짐 웜슬리Jim Walmsley와 가레스 루이스Gareth Lewis는 1989년 수입과 가계 지출이 증가함에 따라 "시간을 절약하는 것이 더 절박해지고, 인생은 더 급박해지고 고통스러워진다"라고 말하며 그로 인해 도시 거주자들이 도시에서 보내는 시간의 가치가 더 높아진다고 피력했다.[10] 이는 자원에 대한 경쟁이 증가함에 따라 인간의 행동이 미묘한 부분에서 변화한다는 개념을 반영한다. 같은 자원을 놓고 타인과 무의식적으로 경쟁하면서 걷기 속도가 빨라지는 것이다.

본스타인의 연구는 그 후 많이 인용되고 명성을 얻게 되었으나, 그것이 모든 것을 설명할 수는 없었다. 아마 특정 도시에 국한된 요인들이 있어 보행자들의 걷는 속도에 영향을 미치는 것으로 추측할 수 있다. 뭄바이처럼 인구 밀집도가 상당히 높은 도시에서는 다른 보행자들과 부딪칠 위험이 있기 때문에 걷는 속도가 실제로 느릴 수 있다. 특정 도시에서는 걷는 속도가 매우 빠르다는 것도 생각해 볼 수 있다. 극도로 덥거나 추운 도시에서는 사람들이 고온 또는 저온의 환경에서 벗어나기 위해 자동차와 건물 사이를 매우 빠르게 걸을 수도 있을 것이다. 생물학자인 페터 비르츠Peter Wirtz와 그레고르 리즈Gregor Ries는 본스타인의 연구 결과들이 연구 대상인 도시나 소도시들의 연령 또는 성별 구성을 감안하지 않아 그와 같은 결과가 나왔다고 주장했다.[11] 다시 말해 다른 조건들이 모두 동일하다면 도시의 인구층이 더 젊을 경우 평균적으로 더 빨리 걷는다는 것이다. 이와 비슷하게 남성들은 여성들보다 평균적으로 더 빠르게 걸으며, 도시와 소도시 간의 가시적인 차이는 소도시 또는 시골 마을보다 도시에 젊고 빠르게 걷는 남성들이 더 많이 거주한다는 사실을 반영한다는 것이다. 비르츠와 리즈는 성별과 연령층을 고려한 훨씬 더 큰 표본 집단을 대상으로 일련의 연구를 진행했는데, 도시 거주자들은 소도시 또는 시골 거주자들보다 실제로는 평균적으로 더 빨리 걷지 않는다는 결론에 도달했다.

이와 같은 주장은 계속해서 실험대에 올랐다. 1999년에는 생활 속도에 대한 설문조사가 31개국의 가장 큰 도시들의 통계 자료를 활용하여 실시되었다.[12] 이 조사는 생활 속도에 차이를 미치는 인구 외의 요인들을 살펴보았고 생활 속도가 도시 거주자들의 안녕에 어떠한 영향을 미치는지 살펴보았다. 속도를 예측할 수 있는 세 가지 다른 아이디어가 검토되었는데, 첫째는 경제 활성화로 경제 성장률의 속도가 빠르고 경제 활성화 정도가 높을수록 생활 속도가 더 빠르다는 것이었다. 둘째는 도시 기온이 평균적으로 더 높을수록 걷는 속도가 느린 보행자들이 더 많을 것이고, 셋째는 비교적 개인 성향의 문화가 강한 나라들은 집단 성향의 문화가 있는 나라들보다 생활의 속도가 더 빠르다는 것이었다.

더블린, 홍콩과 산살바도르와 같은 다양한 도시를 집중

연구한 학자들은 걷는 속도(18.3미터를 걸어가는 데 드는 시간을 도시의 중심가에서 측정), '우편 속도(주요 우체국에서 우표를 사는 데 걸리는 시간)' 그리고 마지막으로 시간 준수 정도를 측정했다. 일반인들에게 공개된 데이터에서 기후, 경제 지표, 개인성의 척도(개인주의의 정도), 인구 규모, 심장 질환, 흡연율, 상대적인 웰빙 등과 같은 기타 정보들도 수집되었다. 이 모든 것들이 더해져 전반적인 생활 속도 지수가 만들어졌다. 그 결과, 스위스가 가장 빠른 생활 속도를 가진 것으로 측정되었고, 당시 15년 간 이어진 경제 번영기 한가운데에 있었던 아일랜드가 근소한 차이로 2위를 그리고 독일과 일본이 그 뒤를 따랐다. 그 외에 이탈리아, 영국, 스웨덴, 오스트리아, 네덜란드, 홍콩이 순서대로 상위 10개국을 구성했다. 멕시코는 마지막 순위를 차지했다. 국제적인 관점에서 더 폭넓게 살펴본다면 과거 소련 연방을 제외한 서유럽 국가들의 생활 속도가 가장 빨랐고 개별적으로는 아일랜드의 국민들이 가장 빠른 걷는 속도를 보였다. 스위스는 국가적 이미지를 반영하듯 시간 준수에 있어 1위를 기록했다.

이 연구에서 완전히 해결되지 않은 문제는 인구 수와 인구 밀집도가 걷는 속도에 어떠한 영향을 미치는가에 대한 상관관계이다. 예를 들어 출퇴근 시간 런던의 옥스퍼드 서커스는 걸어 다니기 힘들 정도로 번잡하다. 그러나 몇 블록 떨어진 곳에서는 사람들이 비교적 쉽게 움직인다. 최첨단 스마트폰의 만보계와 건강 관련 앱들은 이 문제를 해결하는 데 도움이 될 것이다. 걷는 속도를 최고화하는 최적의 인구 밀집도가 있을 것이고, 이 숫자를 넘어서면 걷는 속도가 느려지는 이유가 될 것이다.

도시 속 생활 속도가 더 빠르고 이는 인구학적 통계보다 경제 활성화와 인구 밀집도와 더 밀접한 관계에 있다고 가정해보자. 예를 들어 조용한 시골 마을을 벗어나 바쁜 도시에서 생활하면 걷는 속도가 높아진다. 그건 개인으로서 우리에게 어떤 의미일까? 연구자들은 이것이 도시에서 쉽게 얻을 수 있는 경제적 보상일 가능성을 제시했다. 뇌가 노력과 보상을 계산한다는 관점에서 보도록 하자. 나아가 뇌는 노력과 보상의 균형을 통해 노력은 최소화하고 보상은 최대화하려는 시도를 한다. 이는 앞에서 살펴보았듯이 나태함과 노력의 균형을 이루는 뇌의 진화된 반응으로 이해하면 된다. 그렇다면 뇌가 보상을 어떻게 처리하고, 특히 성과를 얻기 위해 들이는 노력의 양에 대한 질문이 제기된다. 예약이 불가능한 인기 있는 골목 식당을 예로 들어보자. 우리는 동일한 보상, 즉 가장 좋은 테이블 또는 하나밖에 남지 않은 테이블을 얻기 위해 다른 사람들과 경쟁 속에서 그곳에 빨리 도착하기 위해 더 빠르게 걷게 될 것이다. 앞서 말한 두 가지 보상에 대한 선택권이 있다면, 가장 보상이 높은 선택을 하거나 적어도 최소한의 노력을 들이는 선택을 할 가능성이 높다. 우리는 도시에서 더 빨리 걷게 되는데, 아마 이는 도시에 더 많은 자원과 보상이 있으며, 보상을 얻기 위해 타인과 경쟁을 해야 되기 때문이다. 일상을 살면서 다양한 노력이 들어가는데, 무엇을 손에 쥐기 위한 노력 또는 어느 곳에 걸어가기 위한 노력 등이 그것이다. 다양한 노력의 종류를 막론하고, 그 어떠한 목표에 도달하기 위해 들이는 에너지는 최고조에 달하다가 나중에 떨어지게 된다.[13]

신경과학자 레자 샤드메어Reza Shadmehr는 공항에 있는 것을 상상해 보라고 말한다. 도착 게이트에 서서 그곳을 통과하는 탑승객들의 얼굴을 쳐다보며 기다리는 이들의 얼굴을 스캔할 것이다. 도착 게이트를 통과하는 많은 얼굴들을 지나 기다리던 사람을 드디어 발견한다. 이제 자신에게 물어본다. 직장 동료 또는 자녀 중 누구에게 더 빠르게 걸어가 반갑게 맞이할 것인가? 답은 뻔하다. 자녀와의 만남을 통해 얻는 본질적인 보상은 특히 더 클 것이다. 결과적으로 이 본질적인 보상은 걷는 속도를 직접적으로 조절하여 아이를 더 빨리 만나기 위해 더 많은 노력을 들이게 한다. 인간은 더 많은 보상에 대한 성패가 달려 있으면 걸음이 더 빨라진다. 그리하여 노력과 보상 획득의 가능성은 합쳐지는 것이다.

여기서 우리는 특정 도시에서 걷는 속도가 다른 이유를 기본적으로 이해할 수 있다. 자원이 풍부한 도시에서는 사람들이 보상을 얻기 위해 기꺼이 더 많은 노력을 들일 준비가 되어 있을 가능성이 높다. 동시에 그 보상을 얻기 위한 경쟁이 높기 때문에 유명한 레스토랑에 다른 사람들보다 빨리 도착하기 위해 걷는 것은 기본이다. 결과적으로 노력을 관리하는 뇌 체제와 획득할 수 있는 보상을 예측하는 뇌 체제는 매우 밀접하게 연동한다. 들이는 노력이 클수록 그 노력을 통해 얻을 수 있는 보상이 더 클 수 있다는 것이다. 우리는 적은 보상이 있는 경우에는 비교적 느리게, 많은 보상이 있는 경우 더 빠르게 걸어간다. 이는 도시에서 흔한 풍경이다.

*

도시가 제공하는 보상을 남들과 경쟁하며 획득하기 때문에 기차의 빈 자리나 음식점의 빈 테이블을 차지하게 위해 더 빨리 걷게 된다.

더 많은 보상을 얻기 위해 경쟁해야 하는 바쁘고 번잡한 도시에서 실제 물리적 장애물은 당연히 사람들이다. 충돌을 피하기 위해서는 빠르고 정확하게 다른 이의 걷는 속도를 예측할 수 있어야 한다. 둘 또는 세 명이 함께 걸을 때 우리는 자연스럽고 무의식적으로 같은 속도를 유지하기 위해 걷는 속도를 조절한다. 다른 이들의 걷는 속도에 나의 걷는 속도를 맞추는 것이다.

도시에서의 걷기와 관련해 흔하게 느끼는 감정은 불만 혹은 짜증이다. 나보다 더 빠르게 걷는 이도 있고 더 느리게 걷는 이도 있고, 나를 향해 걸어오는 이도 있고 나를 가로질러 걷는 이도 있다. 이 짜증을 레온 제임스Leon James는 '걷기 분노 표출Walking rage'이라고 하는데 그는 "앞을 향해 걷는 사람들의 동선을 방해하는 이들은 '수동적-공격 성향의 분노'를 표출하고, 반대로 상대의 방해를 받는 이들은 '동적인 분노' 성향을 가지고 있어 무관용과 반감을 나타내며 걸어 다닌다"라고 말한다.[14] 관광객 무리들을 피해 걷는 출퇴근자들을 잠시 살펴보면 몸이 서로 근접해 있어 신체적 충돌이 언제든 일어날 수 있는 상황에 놓여 있다는 것을 알 수 있다. 우리는 지속적으로 부정적인 충동을 억제하기 때문에 사회생활이 가능한 것이다.

대부분의 경우, 우리는 눈에 보이지 않지만 분명히 존재하는 능력을 이용해서 무심코 다른 사람들과 부딪치거나 접촉하는 것을 방지할 수 있다. 우리는 다른 이들을 피하려 하는데, 이는 다른 이들도 마찬가지다. 그럼 우리는 어떻게 사람들로 붐비는 인도에서 서로 부딪히지 않고 걸을 수 있도록 공간에 대한 협상을 하게 되는 것일까? 그리고 그 배경이 되는 메커니즘은 무엇일까?

상대방이 어디로 움직일지 예측하기 위해서는 상대방의 움직임을 통해 정보를 신속하게 수집해야 한다. 정보가 될 만한 단서들은 많은데, 먼저 사람들의 발과 다리 움직임의 속도와 위치를 살펴보거나 상대방의 윗몸과 어깨의 위치, 또는 머리의 전반적인 위치와 방향을 활용할 수 있고 눈의 위치와 시선 방향으로도 알 수 있다. 우리를 향해 걸어오는 보행자들이 선글라스를 쓰고 있거나 손에 들고 있는 기기에 시선이 고정되어 있으면, 우리는 그들이 어느 방향으로 걸을지 예측하기 어려워진다. 더 어색한 것은 누군가의 뒤에 걸어가고 있는데 그 사람이 옆으로 비스듬히 걸어갈 때다. 당연히 그들은 당신이 그곳에 있는지 모르고, 당신이 추론할 수 있는 것은 뒤에서 본 그들의 어깨의 순간적인 위치뿐이다. 그리고 그들은 자신을 향해 걸어오는 다른 이의 움직임에 따라 방향 전환을 하고 있을 수도 있는데, 당신은 다른 이의 눈을 볼 수도 없고 그 자리에 있는 것조차 모를 수 있다.

시선이 매우 중요하다는 가설을 검증하기 위해서 피실험자들 앞에 보행자들이 걸어오게 하는 실험으로 눈의 위치가 달라지는지 확인할 필요가 있다. 이 실험은 오늘날의 웨어러블 기술, 특히 VR 고글을 이용해 가능해졌다. 가상 인물들이 피실험자들을 향해 걸어오면서 서로 눈을 마주치거나 시선을 다른 곳으로 옮기면서 다양한 속도로 접근한다.[15] 뿐만 아니라 가상 현실과 결합된 뇌영상 실험은 다가오는 사람의 눈 위치가 걷는 방향에 대한 불확실한 신호를 내보내면 뇌 활동을 통해 몸이 방향 수정을 위한 준비에 들어간다는 것을 보여준다. 방향을 찾기 위한 이 작은 행동에서도 여러 정신 상태 사이를 오가며 빠르고 계속되는 활동이 일어난다. 우리는 그들이 어디로 움직일 가능성이 있는지 알아내기 위해 상대방의 눈 위치를 살핀다. 그런 다음 접촉을 최소화하기 위해 재빠르게 방향 수정을 하고 상대방도 같은 과정을 거친다. 만약 모든 것이 제대로 작동한다면 어색한 어깨의 부딪침은 일어나지 않을 것이고, 작은 목소리로 사과를 웅얼거릴 필요도 없을 것이다.

앞에서 살펴보았듯이 자연스러운 걸음걸이 패턴은 척수에 있는 중간 단계의 중추 패턴 발생기에 의해 조절된다. 이는 뇌의 특별한 관리 없이도 지속적인 걷는 패턴을 만들어낸다. 그러나 중추 패턴 발생기는 시각으로 추론 가능한 상대방의 예상 움직임에 대한 정보를 제공하는 뇌의 명령 신호로 빠르고 신속하게 차단된다. 사회적 상호작용과 관련된 뇌 시스템의 신속한 상하향식 차단이 일어나고 이는 중추 패턴 발생기의 계속되는 작동을 방해한다. 명령 신호는 패턴 발생기의 활동을 다른 방향으로 전환하는데, 잠시 걸음걸이를 멈추고 어깨를 돌려 회전하고 가방을 움직이는 동작 등으로 충돌을 방지하게 하는 것이다. 그리고 상대방도 다행히 같은 동작을 취하고 있을 것이고 이로 인해 우리는 군중 속에서도 비교적 쉽게 걸을 수 있게 된다. 한 걸음 물러나 생각해보면 두 개의 뇌가 상호작용하는 것을 알 수 있다. 두 개의 뇌가 재빠르게 상대방의 시선이 어디를 바라보고 있는지에 대한 정보를 포착하고, 이 정보를 활용하여 서로 상대방이 어디로 걸어갈 것인지에 대해 신속하게 예측하는 것이다.

몇 년 전 어느 늦은 오후, 나는 기차역의 넓은 중앙 홀을 가로질러 걸어가고 있었다. 시끄럽고 한눈에 봐도 술에 취한 듯한 두 명의 남자들도 홀을 가로질러 가고 있었다. 나는 대각선 방향으로 걷고 있었고, 한 남자가 나를 향해 걸어오기 시작했다. 그는 나를 적대적인 시선으로 응시했고 더 빠르게 걷기 시작하더니, 왼쪽 어깨를 뒤로 살짝 움직였다. 거리가 아주 가까워졌을 때, 나는 그가 내 왼쪽 어깨를 있는 힘껏 치기 위한 준비를 하고 있는 것을 알았다. 우리가 부딪치려는 순간 나는 내 왼쪽 어깨를 그로부터 멀리 돌렸고, 예상대로 그는 그의 어깨로 나를 치려는 시도를 했지만 내 어깨는 더 이상 그곳에 있지 않았다. 그는 한 바퀴 빙 돌더니 어색한 모습으로 넘어졌다. 이것은 그의 뇌가 예측한 것이 아니었고, 그가 예상한 결과가 아니었다. 그가 어떠한 행동을 할 것인지에 대한 예측과, 그가 내 눈을 필요 이상으로 응시하고 어깨가 뒤로 돌아간 일련의 동작들이 아마 불쾌한 만남이 되었을 뻔한 일을 피해갈 수 있게 해주었다.

이러한 능력을 뒷받침해주는 것은 상대방 행동의 의도를 간파하고 단 몇 분의 1초 안에 신속하게 반응하는 복잡한 신경 회로다. 동시에 뇌는 호흡, 심박수, 소화력, 의식의 유무 등과 같은 중요한 기능이 잘 유지되는지도 관리하는 역할을 맡고 있다.

뇌는 사회적 기능이 매우 뛰어나다. 때로 우리는 상대방을 보기만 해도 그들이 어떠한 행동을 할지 예측할 수 있다. 군중 속에서 우리의 행동에 도움을 주는 간단한 규칙이나 경험 법칙heuristics 등이 많이 있다. 여기에는 '가장 가까운 곳의 사람이 하는 행동을 모방하라' 또는 '항상 군중의 가운데로 이동하라' 또는 '소규모 그룹이 쳐다보고 있는 방향으로부터 도망가라, 그러나 그들이 두려움을 표출할 때만 그럴 것' 등이 있을 수 있다. 이 규칙 전부 또는 어느 한 가지라도 군중 속에서 개인이 행해야 할 강력한 행동 규범이 될 수 있다.

저명한 사회 심리학자인 스탠리 밀그램Stanley Milgram은 행인들 사이의 행동이 전염된다는 것을 조사하는 간단한 방법을 고안했다.[16] 그는 뉴욕 시의 어느 길 모퉁이에서 사람들이 모여 하늘을 쳐다보도록 하고, 이 단순한 행동이 주변 사람들에게 어떠한 영향을 미치는지 관찰했다. 그는 그룹 규모가 커질수록 지나가던 다른 사람들이 멈추고 그들 옆에 서서 하늘을 쳐다볼 가능성이 높아진다는 사실을 발견했다. 여기서 우리는 개개인이 걷는 궤적에 영향을 미치는 사회적 감염의 역할을 다시 한번 발견할 수 있는데, 다른 사람의 행동을 보고 뭔가 중요한 일이 일어난다는 것을 알 수 있게 되는 것이다. 우리는 멈춰 서서 가만히 응시하며 정보 수집을 하고, 이 일련의 행위는 빠르고 무의식적으로 일어난다.

밀그램의 하늘 바라보기 실험은 현대의 디지털 이미지 촬영 기술을 활용하여 여러 차례 반복되어 왔는데, 밀그램이 연구했을 당시에는 상상하기 어려운 분석의 정확도를 제공한다. 이 실험들은 3,325명의 보행인들을 대상으로 행인이 많은 인도 또는 바쁜 기차역 중앙홀과 같이 자연스럽게 사람들이 모여 있는 장소에서 걸었을 때의 걷는 방향과 머리 방향을 추척했다.[17] 연구자들은 한 그룹의 사람들에게 유럽의 가장 바쁜 도로 중 하나인 런던의 옥스퍼드 스트리트에 서서 빌딩 위를 쳐다보며 고정된 카메라를 응시하라고 했다. 그런 후 행인 2,822명의 행동을 지켜본 결과, 밀그램의 연구와 마찬가지로 위를 쳐다보는 사람이 많으면 많을수록 더 많은 사람들이 위를 쳐다보았다. 행인 중 4분의 1 이상이 자극 집단의 시선 위치와 방향을 모방한 것이다. 이동하는 인지 체계가 실제 상황에서 어떻게 작동하는지 보여주는 사례다. 뇌는 중요하다고 판단되는 정보를 수집할 기회를 포착하면 무의식 중에 복잡한 신경 회로가 가동되어 그 일을 신속하게 수행한다.

또한 그들은 '낭떠러지 효과Cliff-edge Effect'도 관찰할 수 있었는데, 2미터 정도 떨어져 지나가는 행인들은 멈추거나 위를 쳐다보지 않는다는 것이었다. 자극 집단의 뒤에서 다가오는 행인들이 멈추고 위를 쳐다볼 가능성이 더 높았다. 여기서 위를 쳐다보며 다른 사람이 하는 행동을 모방한다는 것은 단순한 사회적 순응 효과가 아니다. 위를 쳐다보는 사람을 뒤에서 위를 보고 있는 다른 사람을 전혀 의식하지 못한다. 지나가는 행인은 위를 쳐다보는 사람의 머리 위치와 방향을 뒤에서 보고 시각적 집중을 하는 것이다.

지나가는 행인의 경우, 고개를 들어 하늘을 쳐다보는 행위는 비교적 큰 의미가 없을 것이다. 새나 유리창 너머의 상점 디스플레이 또는 건축물의 장식을 보는 것일 수도 있다. 그러나 인지 지도는 반드시 다른 종류의 정보를 감안해야 한다. 보상을 줄 수 있는 다른 사안들을 항상 염두에 둘 뿐 아니라, 우리가 가지고 있는 세상의 지도로부터 위협 또는 위험이 될 만한 사안들을 신속하게 취합해야만 한다. 이것은 남성 두 명에게 '자연스럽게' 또는 '의심스럽게' 행동하라는 내용의 두 가지 실험에서 도출해낸 결과다. 자연스럽게 행동하라는 조건에서 그들은 사람들로 붐비는 기차역의 중앙홀에서 누군가를 기다리는 것처럼 60초간 서 있었다. 의심스럽게 행동하라는 조건에서 그들은 기차역의 레이아웃을 스케치하거나 허리 높이에서 카메라를 들고 마치 주변을 촬영하듯이 서 있었다. 지나가는 행인들은 더 가까운 곳에 있을수록 의심스러운 남성들과 의심스러워 보이지 않는 남성들을 모두 볼 가능성이 더 높았다. 기차역에서 사람들은 지나가면서 자연스러운 남성들을 한 번 쳐다보고 더 이상 신경 쓰지 않았다. 그러나 의심스럽게 행동하는 남성들을 지나갈 때는 적극적으로 머리를 돌렸는데, 이것은 일종의 대립 회피 반응이라고 볼 수 있다.

사람들은 걸으면서 신속하게 위협이 될 만한 사안들을 파악하고, 걷는 방향을 빠르게 수정하여 그 위협을 피한다. 세상에 대한 인간의 인지 지도는 정적인 지도가 아니라 다른 이들이 제공하는 정보를 포함시키고 위협이 될 만한 것과 피난처가 될 만한 장소를 기록하는데, 우리는 이 모든 것을 무의식중에 역동적인 방법으로 수행한다. 다시 말해 인간의 인지 지도는 우리가 이 세상을 걸어 다니며 유연한 방법으로 세상과 상호작용할 수 있게 도와준다.

*

도시의 활력, 매력 그리고 장단점은 어디서 찾을 수 있는 것일까? 걷기에 좋은 도시라는 사회적인 특성은 어떻게 얻게 되는 것일까? 불편한 점이 있음에도 불구하고 사람들이 도시에 살고 싶어 하는 이유는 무엇일까? 사람들을 다소 좁은 도시 공간에 밀어 넣으면 사회적 상호작용이 더 밀집되는 현상이 일어난다. 도시는 우리를 변화시킨다. 그것도 우리가 모르는 사이에 말이다. 도시에 살면 현재 그리고 미래와 과거에 대한 생각이 바뀌게 된다. 자원에 대한 경쟁이 높아지면 우리도 모르는 사이에 행동을 미세하게 변화시키고 걷는 속도조차 변한다. 사람들은 조금 더 여유로운 삶을 살기 위해 도시를 떠나고, 자극을 받기 위해 도시로 온다.

나는 이탈리아의 도시와 마을들을 자주 걸어 다녔는데, 저녁에 길가를 느긋하게 거니는 사교적인 산책, 이웃과 친구들과 인사하고 담소를 나누는 파세지아타Passegiata의 멋진 전통에 감동을 받았다. 이러한 도시를 걷는 습관은 도시에서 걷기의 장점을 전부 모아 놓은 것이며 얼마나 매일 쉽게 할 수 있는 일인지 완벽하게 보여준다. 물론 도시가 이러한 활동에 적합하게 지어졌다면 말이다. 나는 도시 디자이너들에게 'EASE'라는 약어를 제안한다. 파세지아타를 가능하게 하려면 도시는 걷기 쉬워야 하고Easy, 모두에게 접근성이 좋아야 하며Accessible, 모두에게 안전하고Safe, 즐거움Enjoyable을 줄 수 있어야 한다. 도시를 걷기 좋게 만들고 새롭게 하는 방법은 간단하다. 그냥 걷는 것을 실천하면 된다.

6

몸과 뇌를 위한 치유

"걷기는 가장 좋은 약이다."

- 히포크라테스

걷기는 인간의 가장 본질적인 경험이다. 움직이는 것, 걷는 것은 몸과 뇌에 매우 유익하다. 이번 장에서는 걷기를 통해 얻는 보다 폭넓은 실익, 즉 걷기가 감정, 정신 건강과 뇌의 기능에 어떠한 영향을 미치는지 알아볼 것이다. 규칙적으로 걷기 운동을 하는 이들은 단 며칠이라도 걷지 못하면 몸이 무거워지고 피곤함을 느끼고, 때로는 기분도 우울해지는데, 이에 대한 자가 처방은 밖에 나가 걷는 것이다. 놀랍게도 이 입증되지 않은 감정에 대한 과학 증거들이 나타나기 시작했고 걷기, 특히 자연환경에서 규칙적으로 하는 걷기 활동이 실제로 기분을 더 좋게 한다고 밝혀졌다. 이렇듯 좋은 산책은 기분을 북돋아주고, 그 외에도 많은 긍정적인 효과를 가져온다.

히포크라테스는 "걷기는 가장 좋은 약이다"라는 유명한 격언을 남겼다. 그러나 현대 사회에서 대부분의 사람들은 매일 실내에서 앉은 상태로 하루를 보내는데, 이는 신체는 물론 정신과 건강에도 끔찍한 결과를 가져올 수 있다. 우리는 야외에서 그 어느 때보다 적게 시간을 보낸다. 미국에서 실시한 어느 대규모 연구에서 참가자들은 사무실, 집, 가게와 기타 건물 안 같은 인공적인 환경에서 보내는 시간이 전체 시간의 87퍼센트에 이른다는 사실이 밝혀졌다.[1] 심지어 어느 연구에서는 "앉아 있는 것은 오늘날의 흡연과 같다"고 표현했다. 이 주장의 배경은 단순하다. 신체는 규칙적인 운동을 하도록 만들어졌고 이를 통해 다양한 긍정적인 효과를 얻게 된다는 것이다. 움직임이 없는 삶은 근본적으로 건강하지 못하고 근육량, 근력의 감소로 이어진다. 더 나아가 장기간의 무활동 상태는 뇌에도 유사한 변화를 일으킨다.

최근 운동 부족이 성격 변화와도 연관되어 있다는 어느 흥미로운 연구 결과가 있었는데, 여기서 말하는 성격 변화는 부정적인 변화를 말한다.[2] 전반적으로 신체활동의 감소는 성격을 구성하는 다섯 가지 요인, 성격의 '빅 파이브Big Five* 중 세 가지의 변화와 관련이 있는 것으로 보고되었다.[3] 신체 활

---

* 빅 파이브란 마음의 개방성Openness, 성실성Conscientiousness, 외향성Extraversion, 우호성Agreeableness, 신경질적 성질Neuroticism로 OCEAN을 기억하면 쉽다.

동량이 줄어들면 마음의 개방성, 외향성과 우호성이 감소하고, 장기적 성격 변화에 '해로운' 양상으로 이어진다고 시사했다. 반면 조금이라도 몸을 움직이는 것이 성격 변화에 영향을 줄 수 있다고 알려졌다. 활동량이 줄어들면 부정적인 성격 변화를 나타낼 가능성이 매우 높았다.

이러한 부정적인 변화를 주도하는 경로는 확실하지 않지만 장기적인 운동 부족 상태에서 오는 일반적인 질병의 증가와 몸 상태의 저하, 즉 비활동성으로 인한 일상생활의 축소로 일반적인 인지 기능과 감정의 변화가 초래됐을 가능성이 높다. 현재까지 밝혀진 바로는, 단순한 행동의 변화가 정적인 삶이 가져오는 부정적인 성격 변화에 반전을 이룰 수 있는 좋은 방법이 될 것이다.

앉아 있는 상태에서 일어서는 것만으로도 혈압과 몸 전체의 혈류, 에너지 소비와 열의 발산 속도(신진대사율)에 즉각적인 변화를 가져온다. 걷기는 새로운 세포의 생산에서부터 행동에 이르기까지 뇌와 신체 시스템 전반에 변화를 이끈다. 규칙적이고 빠른 속도의 걷기는 심장을 운동시키는 가장 단순하면서도 직접적인 방법이다. 걷기는 산소와 에너지의 소비가 활발한 뇌와 위에도 도움을 준다. 왜냐하면 심장이 생산하는 혈액의 20퍼센트가 산소와 에너지의 소비가 활발한 뇌로 향하기 때문이다. 비슷한 효과는 위장에서도 일어나는데, 위장도 산소와 에너지를 많이 요구하기 때문이다. 이에 대한 처방은 바로 눈앞에 있다. 바로 일어나서 걷는 것이다.

*

걷기는 그 행위 자체로 의미 있지만 어디서 걷는지도 중요하다. 앞서 살펴보았듯이 많은 사람들이 도심에 거주하기 시작하면서 녹지는 신체적·정신적 건강에 점점 더 필수적인 요소가 되고 있다. 특히 북쪽 지방, 혹은 악천후에 시달리는 지역의 건축 디자인은 역사적으로 이러한 점을 감안하여 발전해왔다. 대학가 건물들, 수도원들 그리고 기타 다른 장소에서 찾아볼 수 있는 지붕이 덮인 회랑은 이러한 기후 조건들을 피해 야외에서도 걸을 수 있도록 도와준다.

예로부터 울타리가 있는 정원은 순화된 형태의 자연을 건물 안으로 가져오는 또 다른 방법이었고, 동시에 야외에서 안전하게 걷는 것을 가능하게 했다. 보카치오Giovanni Boccaccio는 저서인 《데카메론》에서 정원을 다음과 같이 묘사했다. "정원의 외곽을 감싸고 중앙을 가로지르는 일직선의 넓은 산책로가 있었고, 그 위를 가려주는 아치형의 퍼걸러는 포도 덩굴로

풍성하게 덮여 그해 상당한 포도 수확이 이루질 것이라는 신호를 보낸다. (……) 산책로의 양 쪽을 둘러싼 재스민, 붉은 장미와 백장미의 그늘 아래서 태양을 피해 이른 오전뿐만 아니라 해가 중천에 떠 있을 때도 꽃향기에 취해 산책을 할 수 있었다."[4] 현대 건축 디자인에서 지붕이 덮인 회랑, 차양, 중앙마당을 비롯한 다양한 요소들은 야외 걷기와 자연 경험을 더 쉽게 할 수 있도록 도와준다. 이와 마찬가지로 자연을 품은 실내 산책은 실제 자연과 연결되어 있다는 느낌을 줄 수 있다. 창가 너머로 즐기는 하늘과 나무의 경치는 신체적·정신적 건강을 현저히 증가시킨다.

그럼에도 불구하고, 우리는 야외에서 보내는 시간과 자연과의 공감에 대한 욕구를 지속적으로 과소평가하고 있다. 이는 캐나다 오타와에서 진행되었던 연구에 극명하게 나타난다. 오타와의 기후는 극과 극을 달리는데 여름에는 섭씨 30도를 웃돌고 겨울은 영하 20도를 밑돈다. 오타와에 소재한 칼튼대학교 캠퍼스의 대부분은 극한의 기상 조건에도 쉽게 걷도록 지하 터널 시스템이 연결되어 있다. 실험 심리학자들은 자연에서, 또는 앞서 언급한 터널들을 이용하여 사방이 막힌 환경에서 걸었을 때 사람들에게 어떠한 영향을 미치는지에 대해 실험했다.[5] 그들은 150명의 실험 참가자들에게 캠퍼스 내에 있는 두 장소 사이를 걷게 했다. 지하 터널을 통하거나 나무와 식물 등 자연환경의 요소들이 어우러진 '자연친화적' 도심 공간 내의 강가를 걷는 두 가지 경로가 있었다.

실험 시작 전, 참가자들은 현재의 감정 상태에 대해 질문을 받았고, 17분간 야외에서 걷거나 같은 경로를 실내 터널을 통해 걸은 후 기분이 어떠할지 각각 예측했다. 결과는 확연했다. 모든 참가자들은 실내 걷기에 비해 야외 걷기로 느낄 감정을 상당히 과소평가했다. 하지만 자연 친화적인 도심 공간에서의 산책이 기분에 미치는 영향은 매우 놀라웠다. 자가 평가한 기분의 점수는 실내에서 걸었던 참가자들 대비 평균 3분의 1 정도 높게 나왔다. 또한 이 연구에서는 무엇이 감정에 영향을 미치는지를 이해하는 방법에 대한 문제점이 지속적으로 드러났다. 우리는 '정서예측', 즉 어떠한 활동이 우리에게 어떠한 영향을 미치는지 잘 예측하지 못한다는 것이다.

그렇다면 걷기에 좋은 녹지가 왜 신체적·정신적 건강에 중요한 걸까? 자연의 어떠한 면이 기분을 좋게 만드는 것일까? 인간은 태곳적부터 숲에서 산책을 해왔다. 어떤 문화에서는 이러한 경험을 숭배하는데, 일례로 동양에서는 '삼림욕'이라는 산속의 목욕 요법이라는 실로 멋진 전통이 있다. 이는 산속 깊은 곳의 기운을 받아들이고 걷기로 자연의 경치, 소리와 느낌에 완전히 몰입하고 연결되어 있음을 느끼는 힐링의 실천이다. 삼림욕은 인간의 공통적인 경험으로 보이는 그 무언가의 중요한 결과물이다. 과학자 제임스 러브록James Lovelock은 나무, 삼림지대의 개울, 바위와 같은 자연에서도 영혼을 찾을 수 있다는 고대 범신론적 자연 숭배에서 대지의 어머니와 신들을 숭배하는 종교 그리고 오늘날의 '가이아'와 같은 여신에 이르기까지 지구와 지구에 존재하는 모든 생물체를 스스로 제어하는 하나의 생태계로 보아야 한다고 주장한다.[6]

물론 많은 이들이 자연을 소중히 다루고 신체적, 정신적 건강의 원천인 자연이 우리 삶에 매우 중요하다고 믿는다. 뿐만 아니라 사냥으로 인한 동물의 멸종, 플라스틱, 악취 및 독성 물질로 인한 오염으로 신음하는 하천과 해양 그리고 기후에 영향을 미치는 인간의 활동이 자연에 회복 불가능하고 해로운 효과를 가져오고 있다는 데 상당한 우려를 표명한다.

깨끗한 물, 믿을 수 있는 전기, 예방접종 또는 공공 의료기관으로 얻는 혜택과 마찬가지로 자연환경에 자주 노출되는 것이 장기적으로 인간의 건강과 복지에 측정 가능한 긍정적 효과를 가져온다는 우리의 직관은 과학 증거들로 입증되고 있다. 인간의 스트레스 지수를 자연과의 상호작용 전, 중간, 그리고 후에 측정하는 것이 그것을 증명하는 하나의 방법이다. 코르티솔Cortisol은 스트레스 요인에 반응하여 분비되는 호르몬으로 긍정적이면서 동시에 부정적인 효과를 가져온다. 단기적으로 이는 적응력이 뛰어나 스트레스를 극복하는데 도움을 주는 자원을 끌어 모은다. 그러나 만성적이고 지속적인 코르티솔 호르몬의 분비는 정맥 및 동맥경화를 일으키고 감정과 기억력에 부정적 영향을 미치는 등 기타 다양한 문제로 이어진다. 매우 낙후된 지역인 던디Dundee에서 실시된 연구는 녹지 면적이 해당 지역 주민들의 스트레스 지수에 어떠한 영향을 미치는지를 보여준다.[7] 이는 인지된 스트레스 지수, 다시 말해 주민들이 직접 그들의 감정을 스스로 보고하는 것과 침 그리고 혈액 속 코르티솔 지수를 측정하여 진행했다. 침 속 코르티솔 농도는 계속 변하는데, 오전에는 수치가 높게 측정되고 늦은 밤엔 줄어드는 양상을 보인다. 그런데 높은 스트레스 지수를 경험하고 있는 사람들에게서는 이 하향곡선이 나타나지 않는다. 던디의 연구 결과에서 연구자들은 도시 환경 속 녹지에 정기적으로 접근이 어렵거나 사용이 제한된 가난한 인구층에서 하루 중 스트레스 수치의 감소가 보이지 않거나 감소폭이 낮다는 것을 알 수 있었다.[8] 이와 같은 연관성은 많은 점을 시사하며, 자연에 노출되는 것이 인간의 신체적·정신적 건강에 중요한 효과를 가져다준다는 다른 유사 사례들과 일치한다.

그러나 우리는 사람들의 녹지 이용행태도 동시에 고려해야 한다. 사람들은 정기적으로 이 녹지에 방문하는가? 사람들은 이곳을 사회적 걷기의 장소, 또는 개를 산책시키거나 아이들이 노는 걸 지켜보는 장소로 이용하는가? 그렇다면 광범위한 연구가 필요하며 어느 정도 인과관계를 파악하도록 연구 조건을 랜덤화할 필요가 있다. 스트레스 지수가 낮은 이유가 자연에 노출되었기 때문인가, 아니면 다른 요인이 있는 것일까? 일례로 오랜 시간 트레킹이나 걷기를 하는 등 많은 시간을 대자연에서 보내는 것이 우울증이나 기타 다른 스트레스와 불안감과 관련된 증상도 치료할 수 있는 방법일 수도 있다. 그러나 이 주장을 테스트하는 대규모의 임상 실험이 아직 진행된 적은 없다.

'주의력 회복 이론'은 자연환경이 신체적·정신적 건강에 심오한 회복 효과가 있고, 자연환경에 대한 인간의 경험이 웰빙에 대한 주관적인 의식을 기르고 유지하는 데 확연하게 도움이 된다는 발상이다. 심리학자들은 자연환경이 인간에게 충분히 회복 효과를 발휘하기 위해선 세 가지 중요한 요소를 갖추고 있어야 한다고 말한다. 첫째로 자연환경은 일상생활에서 잠시 떨어져 있다는 느낌을 줘야 한다. 둘째는 흥미로움을 주는 시각적 요소와 감각적 요소가 포함되어야 한다. 마지막으로 포괄적, 다시 말해 어느 정도 확장 가능해야 한다.[9] 현대 생활에서 중압감 증가는 정신적 피로감을 증가시키는 경향이 있지만, 자연에서의 회복 경험들은 이를 감소시킬 수 있다. 이러한 회복 효과는 정상적인 인간의 기능 발휘를 위해 필수적인 자연환경과의 교감을 통해 가장 효과적으로 얻을 수 있다.

4,255명의 참가자들로 구성된 연구에서 영국의 연구자들은 일주일 전에 자연환경에 방문함으로써 얻을 수 있는 침착함, 편안함, 활력의 회복, 상쾌함 등의 감정으로 정의되는 '회복' 현상을 조사했다.[10] 자연환경을 방문한 후 느끼는 회복의 감정은 1부터 5까지의 척도에서 4를 기록할 만큼 매우 높았다. 자연환경에도 서열이 있었는데 해안가의 자연환경이 가장 많은 회복의 기운을 제공했고, 시골의 전원이 2위를, 도심 속 녹지 공간이 3위를 기록했다. 그러나 이 순위를 맹신할 필요는 없다. 전반적으로 평균값과 큰 차이를 보이지 않았고, 도심 속 공원도 회복 기능을 충분히 보여주었기 때문이다. 가장 높은 레벨의 사회경제적 그룹은 53퍼센트가 일주일 전에 자연을 방문한 반면, 가장 낮은 레벨의 사회경제적 그룹에서는 31퍼센트만이 일주일 전에 자연을 방문한 것으로 나타났다. 사회경제적 지위가 높을수록 평균적으로 더 높은 교육 수준,

건강 및 영양 상태들을 보이는 것은 당연할 것이다.

공원의 디자인이 매우 중요한 요인인 것은 분명하다. 공원의 사용이 편리한지, 접근성이 좋은지, 다양한 활동들이 가능한지가 공원의 활용도에 큰 영향을 미친다. 도심 속 녹지는 텃밭 분양을 하면 채소 가꾸기로 활용될 수 있고, 도심 속 공원은 반려견을 산책시키거나 도심 속 스포츠 경기장과 같이 스포츠 활동에도 활용될 수 있다. 자연과의 접근성은 개인, 가족, 사회 그룹 그리고 사회 전반에 매우 중요하며, 디자인이 잘된 도심의 녹지 공간은 전원을 대체하거나 그곳에 있는 듯한 모방 효과를 제공한다.

자연에서 시간을 보내면 기분이 좋아지는 것은 연령층과 성별에 무관하게 전 세계적으로 공통적으로 적용되는 것으로 나타났다. 그리고 더 중요한 사실은 자연에 노출되어 얻을 수 있는 효과는 개인 행복에 영향을 미치는 소득과 교육 수준, 종교의 유무, 결혼의 유무, 봉사활동, 외적 매력과 같은 요인들에 못지않게 높다는 것이다.

개인의 소득 수준이나 외적 매력을 끌어올리기 위해 할 수 있는 것이 그다지 많지 않지만, 나가서 산책을 하는 것은 모두가 쉽게 할 수 있다. 자연환경에서 하는 활동이 행복과 웰빙에 장기적인 영향을 미친다고 입증되었기에 비록 우리가 접근할 수 있는 자연이 유일하게 도심 속 공원일지라도 규칙적으로, 또 습관적으로 자연 속에서 걷는 것을 장려해야 한다.

*

걷기가 기분을 명백하게 상승시켜준다는 것은 우울증 예방에도 도움이 된다는 것을 의미하는 걸까? 다시 말해 걷기를 통해 일종의 '행동적 예방 접종'과 같은 효과를 얻을 수도 있을까?

여기서 모두가 경험해봤을 가볍고 일시적인 느낌의 우울함과 주요우울장애Major Depressive Disorder, MDD에는 중요한 차이가 있다. MDD는 다음과 같이 규정된다. "최소 2주간 감정의 저하 또는 일상생활에 대한 관심과 즐거움의 상실을 지속적으로 느끼는 현상이다. 이 감정은 대상의 일상적인 감정에 뚜렷한 변화가 있으며, 이 감정의 변화로 인해 사회적·직업적·교육적 그리고 기타 다른 중요한 기능도 부정적인 영향을 받아야 한다."[11] 세계보건기구는 MDD를 향후 수십 년 동안 신체적·정신적 건강에 가장 위협적인 질환 중 하나라 보고 있으며, 서구권 인구의 15퍼센트 정도가 살면서 한 번쯤은 겪게 될 위험이 있다고 예측했다.[12] 이러한 형태의 우울증은 신경정신과 치료, 인지행동 치료 또는 약물 치료의 병행이 요구된다.

우울증 같은 심각한 정신 질환을 중재하는 방법으로 신체적 활동 또는 운동에 대한 관심이 광범위하게 일어나고 있다. 신체적 활동이 MDD를 완화하는지를 밝혀 줄 대규모 임상 실험이 진행되었다. 앞서 살펴보았듯이 걷기와 기타 다른 신체 활동은 장기간 누적되는 긍정적 효과를 가져오고, MDD 환자들 또한 약물 치료와 인지-행동 중재 치료법에 필적할 정도의 효과를 얻을 수 있다.[13]

그러나 걷기가 우울증을 확실하게 예방할 수 있을 것인지는 연구를 통해 밝혀내기 어려운 문제다. 무작위 대조 실험 방법에서 변수를 사전에 통제하는 것은 거의 불가능에 가깝기 때문이다. 이는 대규모의 표본 집단을 선정하여 일부를 우울증을 유발할 수 있는 일상생활의 스트레스 요인에 노출한 후 우울증 유도 이전의 걷기량에 따른 우울증 발생률을 확인할 방법은 없다는 뜻이다. 오히려 이 질문을 위한 답을 얻으려면 아주 큰 표본 수를 모집하고, 그들의 신체 활동량을 추적해야 한다. 그리고 그 표본의 우울증 발생률을 예측하고 신체 활동이 더 활발할수록 MDD에 걸릴 확률이 낮을 것이라는 데이터를 얻을 수 있어야 한다.

위에 서술된 실험들은 이론상으로는 대규모 약물 임상 실험보다 어렵지 않다. 정신과 의사이자 전염병 학자인 뉴사우스웨일즈대학교의 사뮤엘 하비Samuel Harvey는 일반 정신 장애나 질환을 앓고 있지 않고 움직임을 제한하는 신체 질환이 없는 33,908명의 성인 집단에 주목했다. 그는 이 '건강한' 피실험자들을 11년 동안 추적 관찰했다.[14] 이 연구의 목적은 이전에 우울증을 앓아본 적 없는 이들에게 운동이 우울증 발병을 해결할 방지책이 되는지 알아보려는 것이다. 또한 적당한 운동량과 운동 강도 그리고 방지 효과와 관련된 메커니즘이 있는지도 알아보았다.

피실험자들은 자신이 실시한 운동에 대한 보고서를 직접 작성했고, 산소 흡수율 측정으로 보고서의 내용을 검증받았다. 그 외에도 인구통계학 정보, 사회경제적 지표, 흡연과 음주 여부, 체질량지수, 사회적 지원 체제 등이 측정되었다. 전반적으로 연구는 어떠한 신체 활동이든 상관없이 운동을 하는 것 자체가 우울증 발병의 가능성을 감소시키는 긍정 효과를 가져온다는 결과를 보여주었다. 우울증을 예방하는 효과는 일주일에 한 번 정도의 비정기적 걷는 운동과 같이 아주 낮은 운동량인 경우에도 긍정적인 결과로 나타났다. 종합적인 결론은 관찰된 우울증의 감소가 운동에 의한 것이라는 가정 하에, '모든 실험 참가자들이 매주 최소 한 시간의 운동을 할 수 있다'면 향후 발생 가능한 우울증의 대략 12퍼센트 정도를 방지할 수 있다는 것이다. 비록 운동량의 작은 변화로도 얻을 수 있는 긍정적인 효과는 상당하다는 의미기도 하다.

하비와 그의 동료들이 진행한 이 연구는 역대 진행된 연구 중 가장 큰 규모로, 참가자들 대부분이 선택한 운동은 걷기와 수영이었다. 그들은 "걷기와 사이클링처럼 매일 일상적으로 할 수 있는 운동량의 증가를 장려하고 쉽게 접근하도록 만드는 것이 가장 효과적인 공공보건정책이다"라고 말하며, 운동의 강도는 중요하지 않다고 결론지었다. 다시 말해 운동을 할 수 있게 옆구리를 슬쩍 찔러주는 듯한 환경 디자인이 해결책이 될 수도 있다. 이 연구는 운동을 전혀 하지 않는 것을 기준으로 할 때, 운동량의 증가는 향후 겪을 수 있는 우울증의 출현에 중요한 영향을 미친다고 주장한다. 공중 보건 의사인 그레고리 사이먼Gregory Simon은 이러한 결과를 검토하며 주요 정신의학 관련 저널에 "운동은 안전하고 광범위한 효과가 있는 항우울제 처방이며 (……) 다양한 강도의 우울증 예방과 치료에 활용할 수 있다"라는 결론을 내리고 미래를 위한 중요한 정책을 제안했다.[15]

걷기와 감정의 관계를 둘러싼 문제는 다소 복잡하다. 그 어떤 연구로도 이에 대한 명쾌한 답변을 얻는 것은 매우 어려운 일이다. 더 많이 걷는 사람들은 일반적으로 더 행복한가, 아니면 걷기가 기분을 상승시키기에 우울증에 걸릴 확률이 낮아지는가? 혹은 행복하기에 결과적으로 더 활동적이어서 더 많이 걷는가? 무엇이 원인이고 무엇이 결과인가? 아니면 긍정적 피드백으로 인한 순환 작용일까? 초기의 무력함을 극복하고 걷기를 시작한다면 결과적으로 걷기는 웰빙의 느낌과 행복감을 증가시키고 이로 인해 걷기를 더하고 싶은 마음을 증가시킨다.

적어도 인간을 대상으로 한 연구에서는 걷기와 감정은 상호 연관성이 있고, 시사하는 바가 분명하게 나왔다. 걷기는 기분에 긍정적인 영향을 주지만, 적극적인 걷기 운동이 걷기 중 또는 걷기 운동 후에 기분을 상승시키는지는 확실하지 않다. 더 나아가 걷기 운동의 양과 기분의 상관관계도 명확하지 않다. 이것은 기분과 걷기의 관계를 자기 보고서나 실시간 자가 측정한 현재의 기분과 걸음 수를 자동 저장한 기록으로 확인해볼 수 있다.

또 다른 대안은 임상 심리학자나 정신과 의사에게 임상적인 단계의 우울증 진단을 받은 환자들의 치료 도구로 운동 또는 걷기를 활용하여 기록을 살펴보는 것이다. 의미 있는 자료가 되기 위해서는 적합하게 설계되고 통제된 임상 실험이어야 하는데, 이는 쉬운 작업이 아니다. 만약 MDD를 앓고 있는 사람들이 매일 걸음 수를 대폭 늘린다면, 이는 행동의 변화를 가져오는 항우울제와 같은 역할을 할 수도 있다. 그리고 걷기는 흔히 모두가 한때 겪을 수 있는 기분 나쁜 감정이나 스트레스 같은 일시적인 불쾌감을 없애 주는 방법일 수도 있다. 이 맥락에서 살펴본다면, 영어 표현 'walk it off(걸어서 훌훌 털어버리다)'는 매우 의미심장하다.

장시간 걷기 후 따뜻한 목욕이나 그냥 안락 의자에 앉아 쉬는 것만으로도 기분이 좋아질 수 있다. 영국 철학자인 버트런드 러셀은 "젊은 시절 나의 휴가는 걷기였다. 하루에 25마일을 걷고 저녁이 되면, 단순히 앉아서 느끼는 즐거움으로 인해 무료함을 달래 줄 그 어떤 것도 필요 없었다"라고 말했다.[16] 기분과 걷기의 상관관계는 아주 뚜렷하지 않았지만, 최근의 연구 결과들은 정기적인 걷기가 기분을 좋게 만들어 웰빙의 느낌을 장기간 상승시킨다는 점을 시사한다.

*

유산소 운동이 성인 뇌에서 새로운 뇌세포의 생성을 증가시킨다는 사실은 다수의 연구를 통해 입증되었다. 과거에는 출생 이후 더 이상 새로운 뇌세포가 생산되지 않는다는 것이 정설로 여겨졌으나, 성인의 뇌에서 새로운 뇌세포가 만들어질 수 있다는 사실이 1990년대에 이르러 밝혀지면서 기존의 이론은 무너졌다. 그러나 새로운 뇌세포는 뇌의 일부 영역, 특히 해마체의 일부분에서만 만들어진다.

새로운 뇌세포의 생산이 억제되면 학습과 기억력에 방해를 일으킬 수 있다. 더 나아가 행동 스트레스로 인해 뇌신경생성이 억제된 동물들은 우울증과 같은 징후를 보이는데 털 손질과 셀프케어가 줄어들고 스트레스를 받는 상황에서도 적극적으로 도피하려 하지 않는다. 이러한 새로운 뇌세포가 해마로 통합되기 위해서는 노력을 들인 학습 또는 유산소 운동을 통한 해마체의 활동이 필요하다는 것이 다른 연구를 통해 입증되었다.

현재 인간의 학습과 기억력에 대한 일반적인 생각은 정상적인 학습과 기억력을 돕기 위해 다양한 뇌의 영역이 함께 협동하고 작동해야 한다는 것이다. 즉, 여러 요소들이 정확한 순서로 작동해야 뇌에 기억이 각인될 수 있다. 앞에서 살펴보았듯이 해마체는 다양한 피질구조의 영역뿐만 아니라 특정 피질 하부의 영역, 특히 문측 시상과 전방 시상과 관련된 뇌의 확장 네트워크에서 대단히 중요한 허브 역할을 한다.[17] 우리는 '네트워크 중심의' 관점에서 뇌가 어떻게 특정 기능을 돕는지 관찰하며, 더 이상 개별 영역을 언어, 시각, 촉각, 움직임 등과 같은 특정 기능만을 위한 곳이라고 말하지 않는다. 대신 뇌의 다른 영역들 간 상호작용의 패턴이 학습과 기억 그리고 언어와 시각, 청각의 기능을 돕는 데 필수적인 역할을 한다는 관점에서 바라본다.

규칙적으로 유산소 운동을 하면 뇌로의 혈액 공급이 증가하고 뇌의 구조와 기능에 뚜렷한 차이를 가져온다. 유산소 운동은 학습과 기억에 필수적인 특정 뇌 영역의 새로운 뇌세포 증식을 돕는다. 더 나아가 뇌가 좋은 상태로 기능할 수 있게 하는 중요한 분자의 생산을 광범위하게 촉진한다. 유산소 운동인 러닝은 이러한 변화를 유도하는 강력한 방법이지만, 준비 과정이 필요하다는 점에서 단점이 있다. 게다가 달리는 거리에 따라 부상의 위험도 증가하는데, 걷기는 아무리 멀리 오래 걸어도 부상 위험이 크게 늘어나지 않는다. 한 연구에 따르면 걷는 이들이 조깅을 하는 이들보다 부상의 위험이 적다고 한다.[18] 걷기를 통해 건강상의 실익을 극대화하기 위해서는 규칙적으로 적정한 거리를 높은 속도로 걸어야 한다. 일주일에 최소 4, 5회씩 최소 30분간 대략 시속 5~5.5 킬로미터를 꾸준히 걷는 것이 좋다.[19] 걷기의 최대 장점은 신발이나 우비 정도의 최소 장비만 있으면 언제든지 가능하다는 것이다. 낮에 규칙적으로 걷는다면 폐, 심장 그리고 특히 뇌 건강에 작지만 의미 있고 긍정적인 효과를 준다. 여기서 말하는 뇌 건강은 가장 일반적인 관점에서 이해되어야 한다. 심장의 역할이 혈액 공급이고 폐의 역할이 호흡이듯, 뇌의 역할은 우리가 살아가며 수행하는 모든 것들을 총체적으로 도와주는 것이다. 뇌는 사고, 기억, 문제 해결, 기획, 기분 조절 등 기타 다른 다양한 일들을 돕는 목적을 갖는다. 규칙적인 리듬과 속도로 걷는다면 뇌의 전반적인 기능이 빠르게 개선된다는 얘기다.

일어나서 움직이는 것은 몸 전체의 사용을 의미한다. 손과 팔은 앉아 있던 의자에서 일어나 움직이는 상체의 균형을 잡아주고, 엉덩이는 걸음걸이를 조절하고, 심장은 혈액과 산소를 공급하고 그 외에도 다른 많은 작업들이 일어난다. 신체의 변화에 따라 뇌의 변화가 얼마나 일어나게 되는 것일까? 뇌세포들은 지속적인 영양과 산소 공급이 필요하다. 박동하는 심장은 뇌로 혈액을 공급하고, 뇌세포들은 자라고 발달한다. 그러므로 혈관은 산소와 영양소를 필요로 하는 살아 있는 뇌세포의 반응에 따라 발달해야 한다.

신체의 규칙적인 움직임은 뇌에서 새로운 혈관의 성장을

촉진하고 이후 새로운 뇌세포의 생산을 돕는다. 뇌가 몸의 움직임을 통해 외부 영향을 쉽게 받는다는 것이 이 책의 중심이 되는 주제이고, 이는 골격근과 뇌 사이 긍정적인 피드백과 융합이 있다는 연구 결과로 입증되고 있다. 걷기나 움직이는 동작이 규칙적으로, 또 확실하게 수행된다면 근육계에 분자를 생산하고 규칙적인 운동으로 뇌 속 긍정적인 변화를 자극할 수 있다.

근육 세포는 "사용하지 않으면 도태된다"라는 근본적인 원칙을 따르고 뇌세포 또한 마찬가지다. 신체는 생명 유지 전반에 기여하지 않는 근육 세포나 기타 세포들을 생성하고 지원하고 관리하는 데 에너지 낭비를 할 여력이 없다. 신체가 근육이 필요하다고 보내는 최적의 신호는 근육이 규칙적인 스트레스와 중압감에 놓여 있을 때다. 신체 기관이 제대로 작동하고 있다면 이는 사용하고 있는 것이고, 그렇다면 관리 유지가 되어야 한다. 비교적 장기간 앉아서 생활하는 이들은 사용하지 않는 근육에 지방의 침전물이 붙게 되면서 근육의 변화가 일어난다. 이 침전물은 근육에 긍정적인 압력을 주는 운동이 충분하지 않은 우주 비행사, 비만층과 노인층의 근육에서 발견된다.

젊고 건강하더라도 오래 앉아 있는 생활은 건강에 결코

좋지 않다. 사용하지 않는 근육의 부피는 빠르고 쉽게 줄어든다. 더 나아가 근육량의 손실은 지속적으로 평생 새로운 뇌세포를 생산하는 뇌의 영역에도 부정적인 영향을 끼친다. 근육이 손실됨에 따라 뇌의 기능도 악화된다. 이와 함께 성격, 감정과 뇌 구조 자체에 유해한 변화도 일어난다. 그럼에도 불구하고 우리에게는 자가 처방할 수 있는 치료제의 일종인 놀라운 자체 수정 메커니즘이 있는데, 이는 바로 운동이다.

7

창의적 걷기

"걸으며 생각한 것만이 가치가 있다."

-프리드리히 니체

나는 다양한 이유로 걷기를 좋아한다. 그중 내가 최우선으로 꼽는 걷기의 매력은 머릿속의 소란함을 없애는 가장 좋은 방법이라는 것이다. 걷기는 문제를 해결할 수 있도록 나 자신과 조용한 대화를 하며 천천히 심사숙고할 자유를 준다. 오래전부터 걷는 것은 문제 해결을 위한 사고를 가능하게 하는 아주 좋은 방법이라고 알려져 왔다. 고대 그리스의 소요학파 철학자들은 이동을 하며 가르침을 전파하는 것으로 유명했는데, 학파의 어원이 '이리저리 왔다 갔다 걷는다'라는 의미와 일맥상통한다. 철학자 프리드리히 니체는 "걸으며 생각한 것만이 가치가 있다"라고 말할 정도였다. 작가인 헨리 데이비드 소로도 걷기에 대해 다음과 같이 말한 바 있다.

> 다리가 움직이는 순간, 내 생각은 마치 폐쇄되어 있던 물줄기 끝의 수문을 개방한 것과 같이 흐르기 시작하고, 물줄기 상류에서는 분수와 같이 새로운 물이 더 흘러내리는 결과로 이어진다. 생각이 물줄기의 원천에서 수천 개의 실개천이 되어 넘쳐흐르고, 나의 뇌를 비옥하게 만든다 (……) 움직이고 있을 때만이 순환이 완벽해진다. 습관적으로 앉아 있기만 한 상태에서 쓴 글은 기계적이고, 딱딱하고 지루하다.[1]

이는 매우 중요한 사실로, 몸의 움직임과 생각의 흐름 사이에 필수적인 관계가 형성됨을 암시할 뿐만 아니라 움직임과 창의적인 작업의 관계를 강조한다. 많은 이들이 어떻게 걷기가 사고를 맑게 하고, 창의성과 감정에 영향을 주는지에 대한 생각을 글로 공유해왔다. 대략 150여 년 전 덴마크의 철학자 키에르케고르는 "나는 매일 걸어서 웰빙 상태에 도달하고, 걸어서 모든 질병으로부터 벗어난다. 가장 좋은 생각들을 향해 걸어가고, 너무 부담되어서 그것으로부터 벗어나고 싶은 생각들은 없다"라고 적었다. 예술가들과 철학자들의 글과 일상은 대체로 이와 같은 내용들로 가득하다. 가장 흔한 경이로움인 걷기가 우리의 일에 직간접적으로 영향을 미치고, 가장 창의적인 상태에 이르도록 마음을 자유롭게 해준다는 사실은 21세기에 새롭게 발견된 것은 아니다. 그러나 그 이유와 과정은 오늘날의 흥미로운 최첨단 연구를 통해 알려지고 있다.

*

나의 경우, 걷기는 글쓰기에 중요한 도구이자 원동력이다. 책을 써야 하는 상황이 되면 나는 제목과 소제목들, 주제 같은 구성 계획을 조심스럽게 세운다. 나는 글을 읽고, 메모를 하고, 요점을 적고 녹음기를 들고 걸으며 받아 적을 내용을 구술한다. 30분으로 계획되어 있던 산책은 한 시간, 또는 그 이상으로 늘어나기도 한다. 나는 메모 그 이상의 내용을 구술하고 이 작업을 반복한다. 몇 주, 몇 달이 지나 5~6만 개의 단어들이 문장을 이루고, 하나의 글이 되면서 책의 기초가 된다. 완벽하지 않음에도 걷기는 글쓰기와 받아 적기를 위한 구술 작업에 유연함을 줄 수 있고 다른 사람들의 시선이 신경 쓰이지만 않는다면 성공한 것이다. 또한 나는 글쓰기 작업 전의 산책이 생각을 체계적으로 정리해주어 이후의 작업에 도움이 된다고 느낀다. 버트런드 러셀은 아주 놀라울 정도로 걷기를 적극적으로 실천했고, 그의 걷기 여정은 자서전에도 계속 등장한다. 그의 친구이자 배우 겸 극작가인 마일스 말레슨Miles Malleson은 "버티는 매일 아침 한 시간 동안 혼자 산책을 하면서 그날 자신이 쓸 글을 창작하고 생각한다. 그리고는 집으로 돌아와 오전 내내 아주 쉽게 막힘없이 수정할 필요 없는 글을 써내려 간다"라고 저술한 바 있다. 인지적으로 집중하며 걸으면 글쓰기를 위한 준비 상태에 돌입하게 된다.

나는 내가 사는 곳 인근의 더블린 카운티 킬리니힐 파크의 일부인 빅토리아 힐 주변의 산책로를 특히 즐겨 걷는다. 킬리니힐의 기념비 탑 정상에서 보이는 경관은 나폴리 해안을 떠오르게 하는 장관인데, 그로 인해 지역의 도로명이 네라노, 소렌토, 비코, 마리노 등 이탈리어인 경우가 많다. 그러나 바다 바람과 돌풍은 문제가 될 수 있으므로 손에 들고 있는 메모지는 꽉 움켜쥐어야 한다. 나에게 있어 걷기가 사고, 나아가 글쓰기의 원동력이 되는 이유는 간단하면서도 빠르고 효과적으로 각기 다른 머릿속의 주제를 오갈 수 있도록 도와주기 때문이다. 걷기는 하나의 생각에 집중하고 다시 한 발자국 물러나 그 상황의 전후 맥락을 살펴볼 수 있게 한다.

여기 간단한 과제가 있다. 어떤 문장에 'e'이라는 모음이 몇 번 나타나는지 세어보도록 하자. 다 했는가? 이제 몇 초 동안 당신의 인생에서 좋았던 순간을 생각해보자. 'e'의 개수를 세는 세부 사항에 집중하면서 행복했던 순간에 내가 어디에 누구와 함께하고 있었는지와 같은 조금 더 포괄적인 사안에 집중하는 것, 이 두 가지를 쉽게 번갈아 할 수 있다는 것을 알 수 있다. 이 간단한 연습은 뇌가 기본적으로 활동적 특수 모드와 휴식 모드라는 두 가지 작업 모드가 있다는 것을 보여준다.[2] 활동 모드는 집중된 주의력과 세부 사항에 대한 처리 능력을 말한다. 휴식 모드는 정신이 이리저리 움직이면서 기억 속에 있는 사항들을 반복적으로 질문하는 작업을 말하며 현재 환경에 주의 집중하지 않는 것을 말한다.

우리는 딴생각, 즉 몽상을 하며 많은 시간을 보낸다. 스마트폰으로 개인에게 무엇을 하고 있는지 확인하는 푸시 문자를 하루에도 여러 번 보내 진행하는 경험 표집법 연구는 인간이 휴식 모드에 더 많은 시간을 보내고 있다는 것을 보여준다. 심지어 시간당 10~15분에 이르기까지 장시간 딴생각을 하며 주변 환경에 간헐적으로 집중하고 있다는 결과도 있었다.[3] 그러나 몽상은 적어도 이 개념의 일반적인 정의에 따른다면 단순히 게으름이나 시간의 낭비가 아니다. 오히려 정신 관리의 관점에서는 매우 필수적인 행동으로 우리의 과거, 현재 그리고 미래를 통합하고 자신의 사회적 생활에 대해 질문하고 대규모의 개인적 서사를 가능하게 한다. 만약 몽상이 게으름이라면 이는 매우 독특하고 적극적인 형태의 게으름이다. 행동으로는 조용하지만 정신적으로는 매우 활동적인 상태인 것이다. 선생님들은 아이들에게 창 밖을 보지 말고 수업에 집중하라는 이야기를 한다. 그러나 이는 선생님들이 잘못 생각하는 것이다. 집중력과 몽상은 동전의 양면이다. 우리는 과제를 수행하기 위해 집중하고, 이 과제가 어려울 땐 해결책에 필요한 자원을 모으거나 이전 과제에 집중하며 학습으로 얻은 정보를 통합하기 위해 집중력을 다른 데로 옮긴다. 이렇듯 여러 다른 상태를 오가는 것이 생산적이고 창의적인 삶을 살아갈 수 있도록 해준다. 몽상을 하는 참가자들을 대상으로 한 다양한 실험에서 잦은 몽상은 창의적 문제 해결에 도움을 주었고, 몽상을 하지 않은 피실험자들보다 더 많은 창의적인 답안을 제시했다는 결과를 도출해냈다.[4]

역설적으로 걷기는 일종의 활동적인 나태함이고, 의식과 연결된 몽상에 빠지게 만든다. 걷기는 목적을 가진 행동이며 집중을 요하지만 딴생각을 쉽게 할 수 있게 하며, 이때 그날 하루, 지나간 하루, 앞으로의 1년, 지난 10년, 얻었거나 잃은 기회들에 대한 다양한 생각을 하게 한다. 《율리시스》에서 작가 제임스 조이스는 이것을 잘 표현했다. "우리는 우리 자신을 걸어서 통과한다. 강도를 만나고 유령들을 만나고 거인도 만나고, 늙은이도 만나고 젊은이도 만나고, 아내와 사랑하는 형제들도 만나고, 이렇게 누군가를 만나면서 결국 자신과 만나게 되는 것이다." 걷는 동안 자신과 조용히 대화를 나누고 다른 이들과 소리 내어 대화를 할 수 있고, 또 음악, 오디오북, 팟캐스트 등을 들을 수도 있다. 다른 이들과 함께 걷는 장점은 정보의 교환을 돕고 이 정보를 자신의 기억과 생각, 감정과 통합할 수 있다는 것이다.

걷는 동안 정신 상태를 오가는 것이 특히 더 가능한 것은 뇌의 중요 영역에서 비롯된 구조적인 이유에서 찾을 수도 있다. 우리가 기억을 더듬을 때 활발히 작동하는 뇌의 시스템은 해마체와 이와 연결된 구조들, 즉 확장된 해마체다. 중요한 것은 걷거나 달리거나 어느 장소에서 길을 찾아다닐 때 확장된 해마체 또한 활동하고 있다는 것이다. 이때 뇌 시스템은 최소 두 가지 상호 연관된 기능을 지원하고 있다. 하나는 단편적인 기억력이고 또 다른 하나는 공간 지각 능력이다. 왜 두 가지 방식을 오가며 생각하는 것이 창의력의 중심에 있는 것일까? 그것은 새로운 것을 창조하려면 이전에 없었던 새로운 방식으로 아이디어를 결합해야하기 때문이다. 몽상은 아이디어의 충돌을 가능하게 하고, 정신의 집중은 이것이 말이 되는 것인지 안 되는 것인지 그리고 새롭고 흥미로운 것인지를 테스트할 수 있게 한다. 더 자세히 알아볼수록 해마체가 이러한 활동의 중심적인 역할을 하며, 두 가지 사고방식이 풍부하게 교류하고 생산적으로 활용할 수 있도록 돕고 있는 것을 발견하게 된다. 몽상은 어떤 문제와 그 문제의 해결 방안의 일반적 제한 범위를 훨씬 뛰어넘어 많은 사고를 하는 일종의 '확산적 사고'라 볼 수 있다.

휴식 모드 상태에서 우리는 일반적으로 큰 그림Big-picture, 즉 과거와 미래에 대한 자전적 생각에 집중한다. 또한 타인에 대해서도 생각하게 되는데 다른 이들이 옆에 없어도 사회적 인지의 상태에 빠진다. 우리는 공상에 빠지기도 한다. 휴식 모드에 있으면 때로 우리 자신과 우리가 살고 있는 세상에 대한 이야기와 서사를 만들어내기도 한다. 심지어 어떤 이론가들은 쉴 때 작동하는 뇌의 활동은 너무나도 활동적이고 자전적 기억을 상기하는 행동에 관여하므로 정체성의 핵을 구성한다고 주장하기까지 했다.[5]

영화를 보거나 책을 읽거나 이야기를 하거나 다른 사람의 이야기를 들을 때, 휴식 모드의 뇌가 활성화된다. 앞에서 살펴보았듯이 휴식과 일을 번갈아 가면서 할 때의 뇌에서 창의성이 발휘된다는 이론은 상당히 매력적이다. 그러나 이보다 더 매력적인 생각은 일할 때 작동하는 뇌와 쉴 때 작동하는 뇌가 동시에 작동할 때 창의성이 발휘된다는 것이다. 이는 최근 연구를 통해 밝혀진 사실이다. 이는 디테일에 집중하는 동시에 전체를 보는, 즉 숲 속의 나무와 숲 전체를 동시에 보는 것이라 할 수 있다.[6]

걷기가 창의적인 생각의 원동력이 될 수 있다는 점을 심리학과 뇌 과학이 인식하기까지는 오랜 시간이 걸렸다. 그러나 노벨상을 수상한 심리학자이자 경제학자인 대니얼 카너먼은 예외였다. 그는 저서《생각에 대한 생각》에서 사고할 때와 일할 때에 맞는 최적의 걷기 속도가 있다고 말한다.[7] 심지어 그는 걷기 중 가벼운 신체적 자극이 보다 높은 정신적 민첩성으로 이어질 수 있다고 말했다. 카너먼의 주장은 흥미로운 사실을 시사한다. 걸으며 23 곱하기 78을 머릿속으로 계산해보라. 아마 걸음을 갑작스럽게 멈추게 될 것이다. 카너먼은 "여유롭게 걷다가 더 빨리 걷게 되면 속도의 전환으로 논리적으로 생각하는 능력이 현저히 감소되고 걷기 경험이 완전히 변한다"라고 말했다.[8] 물론 카너먼의 사례는 그만의 특정한 경험에서 온 것이기는 하다. 즉, 곱하기 문제는 잘 정의되고 제한적인 규칙에 따라 규정된 문제이고 이 문제의 답안을 구하기 위해 엄격한 과정의 하위 작업이 요구되며 기억력의 동시 다발적 작동을 필요로 한다. 다시 말해 곱하기 문제에서는 창의적인 해결 방안이 요구되지 않고 오히려 창의적인 해결 방안은 바람직하지 않는 문제다. 그러나 다른 종류의 문제들도 마찬가지일까? 문제 자체가 불확실하거나 타당하지 않거나 표현에 있어 완전하지 않아 아직 확실한 답이 없는 경우는 어떠할까?

카너먼의 주장과 대조를 이루는 것은 아일랜드의 저명한 수학자인 더블린트리니티대학교의 윌리엄 로언 해밀턴William Rowan Hamilton의 주장이다. 해밀턴은 복소수를 3차원의 입체 공간으로 확장하는 수학 이론인 '사원수'라는 새로운 수학이론을 고안하기 위해 오랜 기간 고심하고 있었다. 수학은 때로 낯설고 매일의 일상과는 동떨어져 있지만 현대의 물리학과 컴퓨터 게이밍, 애니메이션, 그래픽 그리고 심지어 전자 칫솔의 디자인 등에도 적용될 수 있다. 해밀턴은 어느 날 갑자기 그 공식을 떠올렸다. 더블린 북부의 던싱크 천문대에서 트리니티대학교 또는 왕립 아일랜드 아카데미까지 매일 규칙적으로 두 시간씩 산책하던 도중이었다. 해밀턴은 갑자기 떠오른 기본 공식을 잊지 않기 위해 작은 주머니칼로 더블린 카브라에 있는 브룸 브릿지Broom Bridge 돌에 새겼다. 오늘날 그의 통찰력을 기념하는 명판에는 다음과 같이 적혀 있다.

1843년 10월 16일 이곳을 지나며

윌리엄 로언 해밀턴경은

순간적으로 번득이는 천재성을 발휘하며

사원수 곱셈의 기본 식을 발견했다.

$i^2 = j^2 = k^2 = ijk = -1$

그리고 그것을 이 다리의 돌에 새겼다.

해밀턴은 당시의 순간을 다음과 같이 묘사했다. “여기저기 걸어 다니며 하나의 개념이 분명해지기 시작했는데 바로 3차원의 공간을 다루기 위해서는 4차원의 공간이 필요하다는 것이었다. (……) 전류가 통하고 번개가 번뜩이는 느낌이었다.” 이 일화에서 창의적인 영감의 순간을 구성하는 필수적인 요소들을 다수 찾을 수 있다. 오랜 기간의 심사숙고, 준비와 아이디어 개발, 새로운 문제의 적극적인 구축과 공식화, 장기간의 사고를 통한 다양한 답안에 대한 검증 그리고 걷기가 있었다. 매년 10월 16일에는 그의 중요한 업적을 기념하기 위해 해밀턴 기념 걷기 행사가 진행되며, 전 세계 수학자들이 이 행사에 참가한다.

그렇다면 카너먼과 해밀턴의 일화들을 통해 우리는 무엇을 알 수 있을까? 걷기는 창의적인 수학적 사고의 장애물일까, 촉진제일까? 두 가지 문제는 똑같은 수학 문제가 아니고 다른 차원의 문제들인데, 첫 번째는 하나의 정답으로 정의되는 문제이고, 또 다른 하나는 확실하게 정의되지 않고 창의적인 답안을 요하는 문제다. 이는 걷기가 다양한 가능성이 있는 해결 방안의 탐색이 필수인 확산적 사고를 필요로 하는 문제들의 해결을 돕는다는 것을 시사한다. 걷기 중이거나 그 이후이거나 두 가지 다 창의적 사고 과정에 영향을 미칠 수 있다. 그리고 이 과정에서 긍정적·부정적 영향 모두 발생할 수 있는데, 이는 걷기의 영향이 언제 측정되는지에 달려있다. 우리는 여기서 한 가지를 더 고려해야 한다. 카너만이 인정했듯이 빠른 속도로 걸을 때 발에 걸리거나 넘어지지 않도록 지속적으로 주의를 집중해야 하기 때문에 꽤 많은 노력이 요구된다는 것이다. 유산소 운동으로 건강을 유지하면 뇌에 다양하고 상당히 긍정적이며 오래 지속되는 효과를 가져온다. 이는 심장과 폐기능에도 마찬가지의 효과가 있다는 것을 이미 알고 있기 때문에 지속적인 주의를 요하지 않을 정도의 속도로 걷는 것이 창의적 인지에 가장 좋은 효과를 가져올 것이다.

신체 운동이 창의적 인지에 어떻게 기여하는지 알아보기 전에, '창의성, 창의적'이라는 단어의 진정한 의미가 무엇인지 알아보도록 하자. 창의적 사고는 무엇인가? 대중적으로 널리 통용되는 정의에는 두 가지 중요한 개념이 포함되어 있는데, 하나는 가치를 매길 수 있는 새로운 무언가를 만들어내는 것이다. 물론 이는 주관적인 판단이고, 한때 가치가 있는 것으로 여겨지던 것이, 나중에 아닌 경우도 있다. 가장 흔히 말하는 창의성은 확산적 사고와 집중적 사고 그리고 가끔 예술적 표현을 집중적으로 다루는 테스트 등으로 측정된다. 일반적으로 확산적 사고는 제한된 시간 내에 주어진 문제에 대한 다양한 답안을 만들어내는 것이다. 예를 들자면 "벽돌에는 몇 가지 쓰임새가 있는가?"라는 질문이 이에 해당한다. 반면에 집중된 사고는 특정 문제를 해결하는 하나의 유일한 답안이 요구된다. 수수께끼 같은 낱말 퍼즐의 답이 집중된 사고의 대표적인 예시이며 아인슈타인의 유명한 공식인 $E=mc^2$도 이에 해당한다.

그렇다면 해결되어야 할 문제와는 상관없이 어떻게 새롭거나 창의적인 사고가 뇌 안에서 일어나는 걸까? 이러한 경우 뇌를 세포, 뇌 영역, 회로와 뇌 네트워크 전반에 거쳐 어떠한 요구가 있는지에 따라 다양한 종류의 신호가 오가는 하나의 거대하고 복잡한 네트워크라고 상상하면 이해하기 쉬울 것이다. 서로 떨어져 있는 영역은 상호작용이 다소 덜 이루어질 것이고, 가까운 영역은 상호작용이 더 활발하게 이루어질 것이다. 소득신고서를 작성하거나 배관 문제가 발생되는 등 다양한 문제를 해결하기 위해 연락을 취하는 지인의 네트워크 범위를 생각해보라. 우리는 평상시 그리 자주 연락하지 않는 사람들에게 더 많이 배우고 도움을 받게 될 가능성이 높다. 새로운 뇌가 아이디어를 생각해내는 과정 또한 비슷하다. 새롭고 흥미로운 창의적 아이디어가 샘솟으려면 멀리 떨어진 뇌의 영역들을 연결하고 이에 접근해야 한다.

해당 문제를 해결하려면 많은 지식이 있어야 한다. 두뇌에 지식이 가득 차 있는 것이 창의적 문제 해결에 매우 중요한 전제 조건이다. 또 다르게는 뇌를 더 활성화하면서 보완할 수 있다. 이를 가능하게 하는 가장 간단한 방법은 일어서서 걷는 것이다. 서 있으면 곧바로 혈압과 뇌활동에 변화를 일으킨다. 일어나서 걸으면 가만히 앉아 있을 때보다 몸과 뇌에 더 많은 자극을 준다. 더 많은 산소가 공급되고 다양한 뇌의 영역에서 더 많은 활동이 있어야 넘어지지 않고 어디로 가는지 눈으로 보고 팔다리의 움직임을 조정할 수 있다. 그리고 단순히 사무실로 가는 방향에 대한 경로 탐색일 경우라도 방향에 대한 순간적인 작은 결정들을 해야 한다. 일어나서 움직이는 것의 부수적인 효과는 더 멀리 있는 뇌의 영역으로 활동이 확장되어서 의식의 저 아래에 있는 '반쪽' 생각, '반의 반' 아이디어들도 새로운 결합의 상태로 출현할 가능성을 높인다.

우리는 이 이론적 설계가 맞다는 것을 각각 앉아 있을 때, 서 있을 때 그리고 걷고 있을 때 생기는 새로운 아이디어들을 통한 체계적인 실험을 통해 증명할 수 있다. 최근 진행된 첨단 실험들은 걷기가 창의력과 문제 해결력을 예상치 못한 다양한 방법으로 증가시킨다는 것을 입증했다. 스탠퍼드대학교의 심리학자 마릴리 오페조Marily Oppezzo와 다니엘 슈워츠Daniel Schwartz는 참가자들의 창의성을 테스트하는 일련의 실험들을 진행했다.[9] 확산적 사고를 활용하는 테스트와 비유적 표현을 만들어내는 테스트였다. 참가자들은 걸어 다니거나 앉아 있거나 휠체어에 앉아 누군가가 밀어주는 상태에서 테스트를 진행했다. 두 가지 테스트 모두에서 어떠한 조건이든 걷고 있을 때 점수가 상당히 높았고 가장 높은 점수는 야외에서 걷고 있을 때였다. 효과는 매우 강력했는데 걷기를 한 참가자들의 새로운 아이디어 생산력은 앉아있는 참가자들보다 확실하고 지속적인 형태로 몇 배나 증가했다. 연구자들은 아주 간단하게 다음과 같은 결론을 내렸다. "걷기는 아이디어의 자유로운 흐름을 가능하게 한다."

걷기가 유산소 운동과는 다른 방법으로 창의력에 영향을 줄 수 있을까? 상상을 초월하는 창의적인 생각을 할 수 있었던 것이 바로 걷기 덕분일까? 우리는 걷는 동안, 또 걷기의 결과로 생겨나는 창의적인 아이디어를 측정해봐야 한다.

최근 운동뿐만 아니라 감정이 창의력의 증가에 어떤 역할을 하는지 조사하는 실험이 있었다.[10] 문제는 운동과 별개로 기분이 고조되는 자체가 창의력을 높이는 효과가 있는지, 또는 기분과는 별개로 운동이 창의력을 높이는 데 효과가 있는지였다. 이를 실험하기 위해 참가자들에게 유산소 운동이나 에어로빅 댄스를 하면서 흥미롭지 않은 비디오를 시청하게 했다. 참가자들은 비디오를 먼저 보고 운동을 하거나 또는 그 반대로 과제를 수행했다. 두 가지 경우 모두 긍정적인 형용사들과 부정적인 형용사들이 적혀 있는 체크리스트로 기분을 측정했고, 창의적인 사고의 능숙도, 독창성과 유연성을 측정하기 위해 디자인된 테스트도 완성해야 했다. 평균적으로 20분의 운동이 기분을 약 25퍼센트 정도 상승시키는 것으로 나온 반면, 비디오 시청 후에는 수치가 내려갔다. 또한 운동이 창의성에 영향을 미치지만, 그 수치는 운동과 기분 간의 상관관계보다는 작았다. 창의적 능숙도와 유연성은 증가했는데 독창성에는 영향을 미치지 못했다. 전반적으로 학자들은 운동이 "기분의 변화와는 별개로 창의적 사고를 다소 높인다 말할 수 있다"라는 결론에 도달했다.

이러한 종류의 연구는 무엇을 하고 어떻게 하는지가 얼마나 깊게 창의성에 영향을 주는지를 분명히 보여준다. 심리학자들과 뇌과학자들이 지금까지 사용해온 일반적 창의성 측정 테스트는 인간의 창의성을 과소평가하고 있는지도 모르겠다. 왜냐하면 그들이 테스트하는 환경이나 실험 참가자들에게 요구하는 조건들이 수행능력의 제한을 가져오기 때문이다. 이는 일반 근로자들이 근무하는 일상 환경에서도 마찬가지다. 보다 자유로운 창의적 인지 상태를 장려하고 싶다면, 근로자들에게 자리에서 일어나 컴퓨터 화면에서 떨어져 움직이라고 해야 한다. 움직임이 창의성에 미치는 영향은 강력하고, 이전에 제대로 활용되지 않은 새로운 아이디어 개발의 원천이 될 수 있다. 자유롭게 걸어 다니고 교류할 수 있는 실내·외 공간이 있는 사무 공간과 건물이 장려되어야 하며, 즉흥적으로 떠오르는 생각과 영감을 쉽게 기록할 수 있는 수단도 마련되어야 한다. 그러나 근본적인 문제는 이러한 행동을 근무하면서 할 수 있도록 합법화하고, 지원하고, 제도화하는 것이다. 지식 기반의 근로자들이 사람들로 북적이는 꽉 막힌 사무실에서 복잡한 문제에 대해 심오하고 창의적인 해결 방안들을 생각해낼 것을 기대하는 것은 합리적이지 않으며 심지어 무력감을 주기도 한다. 움직임의 힘을 활용하는 전략을 세우는 것은 근로자의 감정과 신체적, 정신적 건강뿐만 아니라 그들의 생산력에 눈에 띄는 효과를 가져올 것이다.

*

오늘날 우리는 신체를 움직이면 더 창의적인 상태에 이를 수 있다는 사실을 알게 되었다. 창의적인 상태는 다양한 문제를 보다 독창적인 방법으로 해결할 수 있도록 도와주는 반면, 세상에 대한 경험을 형성할 수도 있다. 일례로 움직임을 통해 시간 경험의 본질을 바꿀 수 있다. 사방이 탁 트인 시골길에서 운전하고 있노라면 세 시간이 눈 깜짝할 사이에 지나갔음을 느낄 수 있다. 반면 교통 체증이 심한 고속도로에서의 세 시간은 당연히 더 길게 느껴질 것이다. 우리의 시간에 대한 인식은 시계처럼 정확하거나 일관성을 가지고 있지 않고, 우리가 느끼는 시간의 단위는 실제 시간의 단위와 다르다. 이 경우 즐거움이 인식에 영향을 미친다. 물론 음식과 물을 섭취하고 푹 쉰 상태에서 시원한 곳을 산책하는 것과 달리, 정오의 뜨거운 태양 아래 갈증, 피로함과 허기를 느끼며 산책을 한다면 고행처럼 생각하고, 실제보다 시간이 더 오래 걸린다고 인식할 것이다. 인간은 흔히 당시 기분에 따라 시간을 지나치게 짧게 또는 길게 예측하는 경향이 있다. 아인슈타인은 이 점에 대해 다음과 같이 설명했다. "손을 뜨거운 난로에 올려놓고 있으면 일분이 한 시간처럼 느껴질 것이다. 그러나 아름다운 아가씨와 앉아있으면 한 시간이 일분처럼 느껴질 것이다. 이것이 바로 상대성 원리다."

시간에 대한 경험은 극과 극을 달린다. 무거운 배낭을 메고 비를 맞으며 오르막 길을 천천히, 힘들게 걸어가는 이에게는 시간이 너무나도 느리다고 생각된다. 반면에 날씨가 좋은 날, 내리막 길을 걸어간다면, 굉장히 즐겁고 빠르게 시간이 지나간다. 이는 '몰입flow' 상태라고 알려져 있는데, 걷기뿐만 아니라 업무, 스포츠, 특수 퍼포먼스와 같은 다양한 활동에 적용할 수 있다. 최적 경험에 관한 심리학이라 불리는 몰입은 미하이 칙센트미하이Mihaly Csikszentmihalyi에 의해 처음 소개된 심리학 개념이다. 몰입은 숙련된 수행을 통해 얻게 되는 집중과 깊은 즐거움의 주관적 경험이며 제어, 통합, 몰두, 집중과 같은 특성이다. 여기에서 경험은 어려운 지형을 극복하고 보상의 의미로 앉아 쉴 때 느끼는 희열과는 매우 다르다. 오히려 걷는 순간순간 통제의 느낌에서 벗어나 정신과 뇌를 자유롭게 하면서 동시에 먼 거리를 걸어갈 때 느끼는 감정이다.

인간은 고도로 숙련된 전문 워커Walkers들이다. 걷기는 몰입을 경험할 수 있는 가장 최고의 수단이며 누구나 할 수 있는 일이다. 걷기는 다른 두 가지 정신의 상태를 오가는 데 도움을 준다. 특히 마음을 비우는 데 탁월한 효과를 발휘하기 때문에 창의적인 생각이 떠오르기도 한다. 집중해야 할 특별한 생각이 없는 상태로 걸을 때 기억과 의미를 처리하는 뇌 영역 전반에 거쳐 독특하면서도 창의적인 연상이 일어나는 것이다

걷기와 사고가 서로 어떤 관계인지에 대한 흥미로운 조사가 노르웨이의 소그룹 학자들 사이에서 진행되었다.[11] 조사 참가자들로는 정기적으로 장시간의 산책을 즐기는 사람들이 선택되었다. 뿐만 아니라 그들은 걷기를 사고의 중요한 도구라고 생각하는 사람들이었다. 이렇듯 작은 표본으로 일반화하기는 어렵지만, 그럼에도 불구하고 어느 정도 구성이 갖춰진 인터뷰들을 통해 유용한 정보들이 나왔다. 인터뷰에 참여한 모든 참가자들이 특정 속도와 리듬으로 걷는 것이 사고에 가장 좋다고 생각했다. 마찬가지로 모든 인터뷰 참가자들은 '리듬'이라는 단어를 각자의 방식으로 강조했다. 사고를 돕는 최적의 속도는 달랐지만 그룹에서 공통적으로 일치된 의견은 '몸이 집중하고 자극을 받으며, 너무 무리하지 않는 속도'라는 점이었다. 또 다른 공통적인 의견은 그들이 걸으면서 생각하는 것을 일종의 '공간'과 같다고 해석한다는 것이다. 어느 참

가자는 다음과 같이 말했다.

> 내가 읽은 글, 또는 읽으면서 생각했던 것으로 이루어진 기묘한 추상적 세계에 있다는 느낌이 든다. 이것을 내가 느끼는 감정의 상태라고 생각하지만, 동시에 이를 물리적인 장소, 즉 단단해 보이는 지식들의 형태들이 나를 둘러싸고 있는 공간이고 이 책, 이 논쟁, 이 생각, 이 글을 작가와 연결시킬 수 있고 이 모든 것이 나에게 접근 가능한 것이다. 나는 그 한가운데 있고 생각을 떠올릴 수 있다.

책 전반에 거쳐 살펴보았듯이 걷기는 우리를 또렷한 사고를 할 수 있는 곳으로 인도한다는 것을 알 수 있다. 우리는 어떤 문제를 벗어나 해결방안이 있는 곳으로 걸어갈 수 있다고 생각한다. 이는 꿈에서 깰 때의 경계 또는 꿈꾸는 중의 상태와 비교할 수 있는 독특하고 놀라운 창의적 문제 해결 상태다. '한숨 자고 생각해보자Sleep on it'라는 표현은 수면의 재생과 창의의 힘에 대한 일상적인 증거이고, 수많은 작가들은 수면의 위대한 문제 해결 능력에 대해 증언해왔다. 존 스타인벡John Steinbeck은 "밤에 힘들게 보였던 문제가 수면이라는 해결사의 도움으로 해소되는 경험은 흔한 일이다"라고 저술한 바 있다.[12] 그 외에도 여러 실험적 연구들이 연관성을 재확인해준다. 어느 연구에서는 실험 참가자들에게 어려운 자각-반응 시퀀스 학습으로 이루어진 인지 과제를 주었다. 이 과제 안에는 추상적인 법칙으로 보다 빠르게 문제를 해결할 수 있는 방법이 숨겨져 있었다. 이 문제를 접하고 여덟 시간의 수면을 취하면 참가자들이 이 문제를 해결할 확률이 두 배로 증가했는데, 이는 수면이 실제 문제 해결과 기억력의 통합을 위한 시간을 만들어낸다는 것을 입증한 것이다.[13]

그런데 꿈을 꾸는 것의 문제는 그때 떠오른 생각들을 기록하기 힘들다는 것이다. 하지만 걷기를 통해 꿈의 특성인 시간적 의미의 상실 그리고 몽상, 서로 다른 기억과 생각의 자유로운 연상을 경험할 수 있다. 척수의 패턴 발생기에 의해 걷는 속도가 규정되고, 규칙적인 걷기 리듬에 빠져들어 시간을 덜 의식하게 되면 모두가 필요로 하는 창의적 사고의 문이 열린다. 그러니 다음에 해결해야 할 어려운 문제가 생기면 상사에게 당분간 사무실에서 당신을 찾지 말라고 말하고 산책을 나가라. 산책을 다녀오고 돌아올 때쯤 그 문제는 해결되어 있을지도 모른다. 당신의 상사는 이를 반신반의하겠지만 그들에게도 한번 시도할 것을 강력하게 권장해보라. 산책을 나갈 때는 반드시 생각을 기록할 수 있는 도구를 챙겨가라. 당신과 마찬가지로 문제 해결을 원하는 사람과 함께 산책하는 것도 방법인데, 너무 몰입하지 않은 상태에서 반복적으로 대화를 나누고 중간중간 다른 이야기도 나눠라. 물론 해결해야 할 문제에 대한 많은 정보들로 뇌의 지식 창고를 채우는 것은 필수이다. 아인슈타인의 상대성 이론과 같은 생각은 상당한 기간의 집중적인 준비, 사색 및 몰입이 요구되기에 갑자기 떠오르지는 않을 것이다. 부담감을 버리고 그 문제에 대해 생각하는 것을 목적으로 걸어야 한다. 문제를 당장 해결하지 못하더라도 상관없다. 문제 해결에 대한 답을 반드시 얻어야 한다는 기대 없이 걸어라. 대신 걷기 자체의 즐거움을 위해, 또 그 문제에 대해 생각하는 즐거움을 위해 걸어라.

여기서 얻을 수 있는 강력한 교훈이 있다. 정치적, 조직적 그리고 기타 다른 복잡한 문제들을 담당하고 있는 이들은 회의실에 갇혀 있어서는 안 된다. 그들은 더 나은 해답을 향해 회의실을 벗어나 더 나은 세상으로 걸어 나아가야 한다.

8

사회적 걷기

보행의 가장 참된 매력은 걷기 그 자체나
경치에 있는 것이 아니라 대화를 나누는 데 있다.
걷기는 입의 움직임의 타이밍을 맞추고,
혈액과 뇌에 자극을 주어
활성화시킬 수 있는 좋은 도구다.

내가 피하려 하는 걷기가 있다. 다음 예시들이 그렇다. 나는 한 번도 순례길을 걸어본 적이 없고 앞으로도 그럴 일은 없을 것이다. 내가 아는 한 몽유병을 앓은 적도 없고 앞으로도 그러하길 바란다. 배 위에서 바다로 뛰어들기 위해 판자 위를 걸어본 적도 없고, 레드 카펫을 밟아본 적도 없다. 이 또한 앞으로도 그럴 일이 없으면 한다.

내가 경험한 가장 좋은 산책은 친구와 가족과 함께 도시에서, 또 가끔은 시골에서 걸었을 때다. 기억에 가장 남는 산책들은 춥거나 화창한 날씨와 함께였다. 약간의 추위는 몸이 너무 뜨거워지는 것을 방지하고, 약간의 햇빛은 모든 것을 또렷하게 볼 수 있게 한다. 그리고 대화는 물 흐르듯 이어진다. 나는 특히 밤 산책을 즐긴다. 밤에 하는 산책이 이상해 보일 수도 있지만 자동차들이 사라진 조용한 길을 친구와 함께 걸으며 창가 너머로 보이는 사람들과 불빛, 하늘의 별을 바라보며 집에 있는 편안한 침대에 누워 잘 생각을 하며 하루를 마무리한다. 밤 산책은 어딘가 비현실적인 느낌을 주고 세상을 다르게 보게 하는 힘이 있다. 도시를 노래하는 위대한 시인인 토마스 킨셀라Thomas Kinsella는 그의 시 《밤 산책가Nightwalker》에서 밤에 걸으면 "그림자가 살아난다. 그들은 표면 위로 허둥지둥 여기저기로 움직인다"라고 말한다. 혼자라면 무서움이 엄습하겠지만 나에게는 경이로움을 주는 변화다. 일상의 무료함과 하루하루의 지루함이 밤 산책을 통해 새로움으로 바뀐다.

이같은 산책의 장점은 일반적으로 잘 알려져 있지 않고 널리 인정받지 못한다. 깊이 들여다보면 걷기는 매우 높은 사회적 기능을 수행한다. 우리는 이상을 향해 함께 걷는다. 나눠 먹을 음식을 찾기 위해 함께 걷고, 사회적인 메시지 전달을 위해 함께 걷고, 세상을 바꾸기 위해 함께 걷고, 나와 상대방의 삶을 더 풍요롭게 하기 위해 함께 걷고, 함께 있는 것이 좋아 함께 걷는다. 우리는 함께 걸으며 진화해왔고 사회적 걷기는 이를 증명한다. 사회적 걷기는 타인에게 우리의 공유된 의지와 집단적인 목표를 보여주고, 이에 대한 메시지를 전한다. 사회적 걷기는 공통의 목표를 향하거나, 특별한 이유나 목적지 없이 그저 느릿느릿 걸어가는 것이라도 좋은 형태의 걷기가 될 수 있다.

우리는 걷기가 얼마나 자주 그룹의 형태로 이루어지는지 가끔 간과하는 경우가 있다. 이는 핵가족이나 대가족, 청소년 무리, 골프채를 들고 다니는 장년의 신사들이나 행진하는 군인들의 형태로 나타난다. 걷기를 홀로 하는 활동이라고만 생각하는 것은 실로 굉장히 큰 오산이다. 책의 초반에 등장한 우리의 조상인 '걷는 이브'를 통해 보았듯이 걷기와 인간의 관계는 아주 오래 전 고대로부터 이어져왔다. 우리는 약 1만 9천년 전 18명이 그룹을 이루어 걷는 모습이 남겨진 발자국 화석으로 사회적 걷기의 흔적을 확인할 수 있다. 오늘날의 탄자니아 라에톨리 호수와 인접한 화산 근처의 갯벌에는 함께 걷는 무리의 흔적이 남아 있다. 대략 테니스 코트 면적의 공간에 남겨진 발자국 패턴은 복잡하게 퍼져 있지만 그 비밀의 일부는 밝혀졌다. 이 그룹은 주로 여성과 어린이들로 구성되어 있었으며 그들의 발은 진흙에 빠지고 있었다. 발에서 물이 떨어져 발자국 사이에 물방울 흔적을 남겼다. 그들 중 누군가는 발가락 골절이 있는 것으로 보였다.

그들은 상호 교류하는 확장된 형태의 사회적 그룹이며 음식과 물을 운반하고, 아마 안전을 위해 기본적인 무기를 들고 있었을 것이다. 그들은 옷을 입었을 수도 있는데, 이것이 그들에 대해 알 수 있는 전부다. 만약 발자국을 덮은 얇은 은색의 화산재가 아니었다면 그들의 흔적, 즉 그들의 생생한 삶, 살과 뼈, 이 모든 것이 오래된 고대의 역사 속으로 사라졌을 것이다. 그들의 흔적은 메아리가 되었다. 오스트레일리아, 잉글랜드, 아르헨티나, 니카라과에서 발견된 다른 시대와 장소의 고대 유물에서도 이와 유사한 사회적 걷기의 모습을 볼 수 있다. 이러한 대규모 형태의 걷기 그룹이 없었다면 인구 증가도 없었고, 전문성도 없었을 것이며, 음식과 자원을 위해 다른 그룹을 향한 조직적 공격도 없었을 것이고, 새로운 땅의 식민지화와 개척도 없었을 것이다.

물론 혼자 하는 걷기에도 깊은 사회적 측면이 있는 경우가 있다. 한 명의 순례자에 의한 성지 순례도 사회적 걷기의 한 형태다. 순례는 더 큰 목적, 즉 공동체, 대의, 믿음 등을 가지고 홀로 수행하는 것이다. 걷기를 통해 경의를 표함으로써 이상이 가지는 힘을 보여주는 것이기도 하다. 홀로 순례길에 오르는 순례자는 상상 속 정신의 공동체를 위해 함께 걷고 있는 셈이다. 블르바르디에Boulevardier 또는 플라뇌르flaneur 같이 홀로 다니는 이들도 있는데, 도시를 구성하는 일원으로서 삶의 의미를 찾고 공공장소와 군중들 속에서 다른 사람들을 관찰하며 시간을 보낸다. 사회적 걷기는 여러 가지 긍정적이고 강력한 형태로 모습을 드러낸다. 이는 조금 더 사적인 일대일의 관계뿐만 아니라 더 넓은 의미의 사회에서 사회적 응집력을 만들어내고 유지하는 데 매우 중요한 역할을 한다. 인간은 흔히 함께 하이킹을 하거나 특별한 목적지 없이 대화를 하며 도시를 걷고 함께 시위행진에 참여한다. 함께 걷다보면 앉아서 대화를 나눌 때보다 훨씬 더 빨리 그리고 깊이 대화가 진전된다. 마크 트웨인은 이 생각을 다음과 같이 우아하게 표현했다.

> 보행의 가장 참된 매력은 걷기 그 자체나 경치에 있는 것이 아니라 대화를 나누는 데 있다. 걷기는 입의 움직임의 타이밍을 맞추고, 혈액과 뇌에 자극을 주어 활성화시킬 수 있는 좋은 도구다. 주변 경치와 숲의 향기는 무의식적이고 특별하지 않은 매력으로 사람들에게 다가오고, 눈과 영혼 그리고 감각에 위안을 준다. 그러나 가장 큰 즐거움은 대화에서 비롯된다.[1]

걷기는 다른 이들과 주변 세계와의 교감에 중심적인 역할을 한다. 최근에 실시된 노인 관련 연구에 따르면 일주일에 걷기를 약 150분 정도 하는 이들이 운동을 덜한 이들보다 사회적으로 더 활동적이며, 전반적으로 신체적으로나 정신적으로 건강한 상태라는 결론을 내렸다.[2] 사회적 활동과 웰빙과의 상관관계는 다른 여러 연구에서도 많이 다루고 있다. 노인층의 특성에 맞게 아날로그 기술을 이용한 공중 보건 정책으로 문자 알림이나 사회관계망을 이용해 정기적인 걷기 그룹을 만드는 것이 걷기를 독려하는 한 가지 방법이 될 수 있다. 이로써 효과의 극대화와 비용의 절감을 동시에 얻을 수 있을 것이다.

걷기의 사회적 측면은 어린 연령층에서도 발견할 수 있다. 걷는 방법을 배우면 사회적 상호작용에 영구적인 질적 변화가 일어난다. 기어 다니는 아기들의 경우 머리의 움직임에 제한이 있다. 엎드린 자세로 팔다리가 땅을 닿고 있는 상태에서 시선은 바닥을 향하게 되고, 보호자를 잘 보기 위해서는 앉아서 시선을 앞으로 향하게 해야 한다. 두 다리로 설 수 있으면 상황이 바뀐다. 아동은 어색한 자세의 변화 없이도 상대방을 쉽게 볼 수 있다. 걷는 방법을 터득하면서 아동들의 사회적 상호작용과 몸짓에 기본적인 변화가 생기는 것이다.

다수의 연구에서 걸어 다니는 어린이들, 기어 다니는 영아들과 보행기를 타는 유아들의 보호자와 장난감과의 상호작용을 비교했는데, 걸어 다니는 어린이들은 장난감과 더 많이 상호작용을 하고 말을 더 많이 하는 것으로 판명되었다. 어린이들은 몸짓, 소리와 움직임을 사용하여 보호자와 사회적인 놀이를 함께하는 방법을 배운다. 손을 자유롭게 사용할 수 있다는 것은 유아에게 자유를 주고, 이를 통해 정신도 자유롭게 한다. 인간은 걸어 다니기 시작하면서 상호작용을 통해 음식을 나눠 먹는 등 간단한 거래를 할 수 있는 기회가 부쩍 늘어난다. 이전 장에서도 살펴보았듯이 걸어 다니는 것과 차로 이동하는 것을 비교하는 경우도 마찬가지다. 걸어 다닐 때 인간적인 상호작용은 더 쉬워진다. 인간은 서로의 공통점을 더 발견하게 되고, 서로에게 리듬을 맞추며 기상조건과 같은 환경적인 경험을 공유하게 된다.

뿐만 아니라 걷기는 창조의 협업과 즐거움의 가능성을 제공한다. 어린이들과 함께 산책한다고 생각해보자. 그들은 매우 활동적으로 걸으며 가끔 정신없고 당연히 통제가 불가능한 상태가 될 수 있다. 그들의 행동은 모두에게 걷기를 즐기라는 자극과 함께 즐거운 걷기를 그저 실내 공간에서 또 다른 실내 공간으로의 이동 수단으로만 생각하지 말라는 메시지를 전한다.

*

사회적 걷기는 매우 특이한 현상이다. 따라서 움직이는 뇌와 몸의 조화라는 놀라운 위업은 가끔 간과되기도 한다. 사회적 걷기는 다른 이들과 보폭과 박자를 맞춰 일정 시간 동안 행동의 목적을 공유하고 유지하게 한다. 자신의 궤적과 움직임의 방향을 조절하고, 함께 걷는 이의 궤적과 움직임의 방향을 예측하기 위해 다수의 뇌 영역에서 동시에 조직화된 운동이 일어나야 한다. 여기서 중요한 것은 이러한 예측을 이용해서 자신의 움직임을 함께 걷는 사람이나 그룹의 움직임에 맞추고 동시에 대화를 하거나 노래를 부르거나 구호를 외치는 등의 행위를 함께할 수 있도록 노력해야 한다는 것이다. 이것은 쉬운 일이 아니다. 그렇기 때문에 이를 수행할 수 있는 로봇이 아직 없는 것이다.

인간의 뇌는 이 문제를 빠르고 또 쉽게 해결한다. 우리는 다른 사람들이 보내는 사회적 신호에 몹시 민감하다. 이 민감함은 1초 미만의 아주 순간적으로 일어나는 두 개의 뇌 시스템 작용에 달려 있다. 두 개의 뇌 시스템은 '정신화' 네트워크[3]와 '거울 신경' 네트워크다.[4] 정신화 네트워크는 판단 지향적이어서 상대방의 '주체성'에 대한 추론을 가능하게 하는데, 다시 말해 상대방이 그들의 의도에 따라 어떻게 움직일지를 우리가 판단하는 것을 말한다. 거울 신경 네트워크는 행동 지향적이어서 나의 움직임과 상대방의 비슷한 움직임에 똑같이 반응하여 상대방의 움직임을 유도한다. 예를 들어, 거울 신경 네트워크의 세포는 당신이 상대방과 악수하기 위해 손을 뻗었을 때 반응한다. 반대로 다른 사람이 당신과 악수하기 위해 뻗는 손에도 반응한다. 이 두 가지 시스템을 합치면 함께 걷고 있을 때, 상대방의 움직임과 몸의 궤적의 방향 예측이 가능해진다. 사회적 인지 상태에 있기 위해서는 언어 표현, 표정과 몸의 움직임과 같은 신호의 무의식적인 교환이 있어야 한다. 또한 상대방의 주체성과 행동을 이해하는 뇌 시스템의 도움을 받아 관심의 공유와 서로의 신호에 동기화하는 과정을 통해 함께할 수 있는 세계를 만든다.

왜 사람들은 같이 걷기를 원할까? 왜 움직임의 동기화가 함께 연결되어 있는 느낌을 주는 걸까? 다시 말해, 왜 사회적 걷기를 하면 기분이 좋아질까? 이 현상에 대해 심리학자들은 '상호 동기화 현상'이라 말한다. 여기서 '상호'란 두 명 이상의 사람을 의미하며, '동기화'는 자연스럽고 무의식적으로 서로의 걸음걸이를 모방하고 뇌와 신체의 더 심오한 현상들을 이끌어 내는 걸 의미한다. 즉, 서로 호흡이 비슷해지고 심장 박동이 비슷한 시간에 비슷한 기능을 하고 뇌는 상대방이 어떤 행동을 할지 고려하며 자신의 행동을 모니터링하고 조절해야 한다.

한두 명 정도와 함께 걸을 때 비교적 쉽게 보조를 맞출 수 있지만, 다수와 걷는 일은 상당한 상호 동기화가 필요하고 의식적인 노력이 요구된다. 따라서 리더가 등장하여 이 과정을 도와야 할 때도 있다. 리더의 계획에 따라 자연스러운 역할이 형성되고 이는 대화로 표현된다. 세 명으로 이루어진 그룹이 대화를 할 경우, 서로에게 집중이 가능하다. 여기에 네 번째 인물이 등장하면, 얼마 후 그룹이 둘로 나뉘게 된다. 만약 그룹이 다섯 명으로 이뤄졌다면 보통 두 명과 세 명으로 이루어진 두 개의 그룹으로 나뉘게 되고, 이 숫자가 별다른 노력 없이 쉽게 집중하며 대화를 나눌 수 있는 최대 인원으로 보인다. 이는 걷기를 하는 그룹에서도 마찬가지다.

여기서 문제가 발생한다. 우리는 아주 자연스럽게 두 명 또는 세 명의 소그룹으로 갈라지는 성향이 있으나, 행진과 같은 대규모 형태의 계획된 걷기 그룹은 걷는 속도, 방향과 그룹원들 간 통합이 유지되어야 하기에 조직화가 필요하다. 그룹을 조직화하는 쉬운 방법 중 하나는 목소리를 활용하는 것이다. 노래를 부르거나 구호를 외치는 것은 마치 목소리를 박자로 하는 메트로놈의 타이밍을 맞춰 걷는 것처럼 서로의 걷기 패턴을 비슷하게 만들 수 있다. 행진하는 그룹이나 단체 시위 참가자들을 보면 구호를 외치거나 북의 장단 또는 기타 다른 소리에 맞추어 걸음걸이의 동기화를 이룬다.

진화인류학자인 로빈 던바Robin Dunbar는 언어가 인간의 사회적 그룹의 형성과 유지에 중요한 요소이며, 이는 다른 영장류들의 털 손질과 같은 기능을 한다고 주장한다.[5] 귀를 기울이고, 시선을 한 곳으로 모으고, 한 방향으로 움직이게 하는 구호나 리듬이 있는 노래의 언어는 더 큰 그룹의 행동을 조직화하는 완벽한 매개체다. 모두가 대화에 참여하기 원한다면 소리가 들릴 수 있는 거리 내에 있어야 하고 모든 사람들에게 들릴 수 있게 충분히 큰소리로 말해야 한다. 이는 그룹이 함께 모여 있도록 유도하고 서로의 페이스에 맞춰 걷는 것을 유지하게 한다.

그룹 내의 조화는 그룹의 크기가 커지기 시작하면서 무너지게 된다. 그러나 규칙적인 리듬을 이용해 규모의 문제를 완화시킬 수도 있다. 외부에 페이스를 조절할 수 있는 도구가 있다면 걷기, 손뼉 치기, 노래 부르기 등의 다른 다양한 행위들의 동기화가 가능할 것이다. 소리 자극을 이용하여 개별적으로 걷는 이들을 일제히 같은 리듬에 맞춰 걷게 하면 청각과 관련된 뇌 영역뿐만 아니라 움직임 자체의 계획과 실행을 담당하는 뇌 영역에서 작용이 일어나는 것을 알 수 있다.

박자를 맞추는 데 걸리는 시간도 중요한다. 예를 들어 같은 순간에 박수를 치더라도 모든 사람이 한치의 오차도 없는 정확한 순간에 박수를 치는 것이 아니다. 그 이유는 사람마다 청각, 움직임의 속도를 비롯한 능력 차이가 있기 때문이다. 여러 그룹의 참가자들을 대상으로 손가락을 두드리는 핑거 탭핑Finger tapping의 박자를 똑같이 맞추는 실험을 진행했는데 흥미롭게도 더 높은 사회적 불안증을 보인 참가자들이 그룹과의 동기화 능력이 떨어지는 것으로 나타났다.[6] 간단한 사회적 동기화 과제에서도 그것을 잘 수행할 수 있을지 긴장하게 되고 그 불안감이 실제 과제 수행 능력에 부정적으로 작용하는 것이다. 이 너무나도 간단한 손가락 움직임만으로도 무대 공포증을 느끼게 되고 그 순간 이 몸이 완전히 굳어버릴 수 있다. 핑거 탭핑의 박자를 맞추는 것은 다른 사람과 대화하는 것과 같이 아주 사회적인 행위는 아니다. 오히려 이 과제는 사회성을 암시적으로 보여준다. 다시 말해 다른 사람의 행동을 따라 하는 것이다. 이 활동의 사회성 측면은 조사에서 뇌의 '사회성 네트워크'의 영역뿐만 아니라, 자아성찰과 자기반성을 담당하는 영역의 활동이 대폭 증가하는 것을 통해 입증되었다.

기차역이나 스포츠 경기장과 같이 매우 크고 인구 밀도가 높은 군중 속에 있다고 잠시 상상해보자. 공항, 기차역 등과 같은 대중교통 시설에서 일정한 속도로 걸으며 동시에 앞에서 걸어가는 사람의 속도에 내 속도를 맞추어야 한다. 이론상으로 이러한 장소의 보행자들은 다 같은 방향으로 걸어서 걷기의 흐름이 섞이지 않아야 한다. 그렇다면 어떻게 시간의 흐름에 따라 걷기의 흐름이 규칙적이고 안정적이고, 또 예측 가능하게 할 수 있을까?

다른 연구에서는 대규모의 사회적 걷기 상황에서 뇌가 어떻게 작동하는지에 대한 흥미로운 사실을 밝혀냈다.[7] 이 연구는 활동이 더 많은 뇌 영역이 산소를 더 많이 소비할 것이라는 이론을 바탕으로, 특정 뇌 영역의 산소 섭취량을 전체적으로 측정할 수 있는 근적외선 분광NIRS, near-infra-red spectroscopy이라는 기술을 이용했다. 실험 참가자들은 머리에 NIRS 기기를 장착하고 걸으며 그룹 동기화 과제를 수행했다. 어떤 그룹은 70 BPM에 맞춘 메트로놈의 박자에 맞춰 걸었고 다른 그룹은 그 어떠한 박자 소리도 듣지 못했다. 첫 번째 그룹은 능숙하게 박자에 맞춰 걸었고 규칙적인 속도를 유지하며 걸었다. 아울러 청각적 자극을 받고 박자에 맞춰 걷는 그룹의 참가자들은 그렇지 못한 참가자들과 비교했을 때 전두엽 활동이 상당히 증가했음이 나타났다. 전두엽은 의도와 계획의 실행을 담당하고 있어, 규칙적인 박자는 계획과 목표 설정에 관여하는 전두엽 네트워크들의 동기화에 도움이 될 수 있다.

일부 연구에 따르면 대규모 그룹으로 걷는 경우 인간의 평균적인 심박수와 유사한 청각적 자극이 안정적인 걷기의 흐름을 보장한다고 한다. 더 느리거나 빠른 속도의 소리는 사람들의 걷기 속도를 그에 맞춰 바꾼다는 것이다. 이는 인간의 정상적 심박수와 유사한 소란하지 않은 적당한 소리가 인구밀도가 높은 대중교통 시스템 안에서, 또는 콘서트나 응급 상황에서 대피 시 보행자들의 흐름을 관리하는 데 보탬이 될 수 있다는 것을 의미한다.

소리가 어떻게 걷는 이들의 움직임 속도를 조절하는가? 다른 이들이 움직이는 것을 관찰하는 것만으로도 뇌의 운동계가 활성화된다는 연구가 있다. 예를 들어 다른 사람의 발이 아래 위로 움직이는 것을 보고 있으면 발의 움직임을 조절하는 뇌의 운동피질이 활성화되었다.[8] 우리 신경계는 다른 이들의 행동을 모방하고 또한 모방하기 위해 상시 준비된 상태로 있다. 우리는 사회적 동기화의 일환으로 몸의 일부분, 또는 몸 전체를 자동적으로, 또 무의식 중에 준비하고 있는 것이다. 이 준비는 상대방의 행동을 모방할 것이라는 상하향식 결정을 의도적으로 내리지 않는 이상 의식에 개입하지 않는다.

이러한 연구는 우리가 일상생활을 통해 직감적으로 이미 알고 있었던 사실을 확인시켜준다. 즉, 인간은 타인의 행동에 매우 민감하며, 신속하게 행동의 동기화를 이룬다. 이러한 능력은 아주 어린 나이부터 드러난다. 아주 어린 유아들은 가까운 이들의 시선, 머리, 손의 움직임을 따라한다. 더 나아가 다른 이들의 몸짓을 모방하기도 한다. 걷기의 경우는 어떨까? 어린이들은 몇 살 정도 되면 다른 이들의 걷는 궤적에 민감해지기 시작할까? 네 살 정도의 어린이들은 성인들과 마찬가지로 걷기 방향에 민감한 것으로 나타났다.[9] 이는 네 살 어린이들을 대상으로 실시한 실험을 통해 알 수 있는데, 그 실험에서는 어린이들이 컴퓨터 스크린 앞에 앉아 단순하게 생긴 인물이 화면의 위에서 아래로 걸어 내려오는 영상을 보게 했다. 만약 어린이들이 화면에 나오는 인물의 경로를 수정하지 않는다면 나무나 집과 충돌하게 된다. 화면 상의 인물들은 이차원적으로 표현되어 있었고 경계선 상의 장애물들도 마찬가지였다. 그러므로 어린이들에게는 걷기 궤적을 예측할 수 있는 삼차원적 깊이에 대한 단서가 전혀 없었다. 단지 이차원적으로 표현된 걷고 있는 인물의 움직임에 기초한 정보로 걷기 궤적을 예측할 수밖에 없는 상황이었다. 그런데 놀랍게도 어린이들은 성인과 동일한 결과 범위로 경로 수정 과제를 수행했고, 아주 미세한 궤적의 차이도 알아차렸다.

다른 이의 걷는 방향에 대한 민감성은 군중 속에서 서로 충돌을 피해 걸어갈 수 있게 해주는 상당히 중요한 사회적 단서를 제공한다. 다른 이의 걷는 방향을 예의 주시해야만 그들과 교차점에 이를 때 충돌을 피할 수 있다. 걷기에 대한 이러한 민감성이 인간 발달의 매우 초기 단계에서 드러난다는 것은 걷기의 중심에 사회적인 기능이 중요한 역할을 한다는 것을 다시 한번 보여주며, 이는 보호자의 품속으로 뛰어가는 어린이를 높이 번쩍 들고, 무서운 동물을 피하고, 다른 어린이를 향해 뛰어가 안아주거나 게임을 하며 넘어뜨리는 것과 같은 사회적인 모습에서도 보인다. 걷기는 개인적 운동성보다 훨씬 더 많은 역할을 한다. 바로 인간의 사회적 상호작용의 원동력이 되는 것이다.

*

이전에도 살펴보았듯이, 우리의 걷기 인생에서 얻을 수 있는 가장 중요한 교훈이지만 쉽게 간과되는 것은 걷기가 이주 또는 탐험과 같이 뚜렷한 사회적 목적을 지니고 진화했다는 것이다. 또한 정권의 정치적 결정에 반하거나 개인이나 침해된 권리에 대한 항의 표시로 함께 걷기도 한다. 걷기는 우리 사회에 반드시 필요한 기능이다. 기꺼이 함께 걷고 어떤 사안에 대한 좋고 싫음에 대한 공동의 의사 표현을 할 수 있는 것은 실로 인간의 핵심적인 특성이고, 인간의 가장 가까운 다른 종들에게서 발견할 수 없는 고유의 특징이기도 하다. 이렇듯 기꺼이 함께 걷고 함께 행진하고자 하는 마음은 어디서 오는 것일까? 우리는 항의 시위, 콘서트, 종교 행사 등과 같은 공동의 목적을 위해 모인 거대 집단의 부분이 됨으로써 정신적 흥분 상태를 경험한다는 연구 조사가 있다.[10] 군중 속에서 소속감을 느끼는 사람들은 일시적으로 신체적·정신적 건강 상태가 좋아짐을 느낀다는 보고도 있다.

여러 명이 함께한 활동을 통해 느끼는 이 고조된 '흥분' 상태는 설문 조사가 이루어진 적이 있다. 이 설문 조사는 '콘서트와 같은 즐길 수 있는 큰 규모의 그룹 활동에서 다른 사람들과 동질감을 느낀다' 또는 '결혼식에 참석하면 그곳에 있는 다른 사람들과 동질감을 느낀다' 등과 같은 간단한 문장으로 구성되어 있다. 참가자들은 각각의 질문에 대해 '강하게 반대한다'인 1점에서 '강하게 긍정한다'인 7점 사이에서 그에 해당하는 답변을 선택했다. 여성들은 남성들보다 점수가 약간

더 높게 나왔고, 종교가 있다고 답한 참가자들은 종교가 없는 이들보다 점수가 더 높게 나왔다. 다른 자가진단 내용과 비교하여 평가할 때 설문 조사에서 높은 점수를 받은 이들은 외로움 수치는 낮게, 긍정적인 수치는 높게, 자기인식 수치는 매우 높게 나왔고, 마지막으로 연대감과 상호 의존적인 감정을 더 많이 느끼는 경향이 있다는 결과가 나왔다. 이러한 '흥분 상태의 집회' 또는 집단 활동의 심리적 혜택은 실제로 일어나는 사회 현상이며 또한 이는 사회적 연결과 관련된 삶의 다른 측면과 관련 있다. 전반적으로 걸으면서 사회적 관계를 더 많이 경험한 이들의 삶이 더 성공적이었던 것으로 보인다는 결과가 밝혀진 것이다.

시위행진에 가담하는 것은 감정적으로 매우 고조되는 경험이기 때문에 집회와 시위행진이 우리가 사는 사회에 변화를 가져온다고 믿게 되지만, 항상 그렇지만은 않다. 민주주의 사회에서 우리는 대규모 집회에 참석할 수 있지만 집회를 통해 느끼는 단결, 상호 의존과 상호 관계로 인한 감정이 정치적 과정 또는 정책의 변화를 가져올 것이라 믿는 오류를 범할 수도 있다. 대부분의 경우 집회나 행진이 법과 정책의 변화로 이어지지는 않는다. 그러나 때로는 항의 행진이 대규모 시위로 발전할 수 있는데, 이때 독재자들은 시민들과 국가 안보 조직에게 주도권을 빼앗길지 모른다는 사실에 자신의 무력함을 느낄 수 있다. 1989년 공산권의 붕괴 이전의 대규모 시위와 항의 행진들이 아주 좋은 예다. 법과 정책의 변화에 초점을 맞춘 효과적인 집단행동과 함께한다면 시위행진이 효과가 없지만은 않을 것이다.

간디가 조직한 대규모 시위들은 시민들의 동의를 얻지 못하면 식민 통치의 힘이 불안정하다는 것을 모두에게 보여주었다. 1960년대 미국에서 일어난 시민의 평등권과 관련된 시위행진들은 그때의 가르침을 기억하고 있었다. 대중의 감정의 깊이와 폭넓은 공감대 형성을 보여주기 위해 기획된 대규모 시위행진들도 입법의 추진과 시민권법 제정을 통해 미국 내 소수자들의 권리를 위한 장기적이고 근원적인 변화로 이어졌다. 1960년대 북아일랜드 전역에서 시민의 권리를 외치는 시위행진들이 일어나자, 당시 스토먼트 정부Stormont Parliament에 대한 공공연한 저항이라 여겨졌다. 1969년 번틀렛 브릿지에서 일어난 대규모 시위행진에서 시위 참여자들을 향한 공격에 대해 역사학자는 북아일랜드의 '대초원 전체를 태워버린 작은 불씨'라 규정했다.[11] '대초원의 화재'는 삼십 년 이상 지속된 갈등으로 이어져 거의 4천 명 이상의 목숨을 앗아갔고, 그 상처는 아직도 아물지 않았다. 그 시위행진이 허용되었다면 북아일랜드의 역사는 달라졌을 것이나 이는 역사적인 가정법이므로 그 진실은 아무도 모를 것이다.

역사의 경험을 통해 얻을 수 있는 교훈이 있다. 정부는 시위행진이 자유롭게 진행될 수 있도록 허용해야 한다는 것이다. 생명이나 부상에 대한 위험 또는 재산에 손실이 있지 않는 이상 지나친 통제는 금지되어야 한다. 정의 사회를 완벽하게 마비 상태로 만들도록 설계한 시위가 아닌 이상, 사회적이고 정치적인 변화를 일으킬 에너지가 발산될 수 있는 계기가 될 것이다. 물론 독재자들은 자유로운 행진들과 집회들을 극도로 혐오하여 무력을 이용해 없애려 할 것이고 실제로 많이 그래 왔다. 독재자들이 승인하는 집단적 걷기 형태는 개성이 완전히 배제되고 군의 막강한 힘을 주는 군대 행진뿐이라는 사실은 흥미로운 일이다. 자유로운 집회 그리고 여기에 은연중 암시하는 자유로운 걷기는 타인이 가지고 있는 권력은 우리가 허용하기 때문에 가능하다는 생각을 갖게 한다. 행진은 집단행동 문제를 위한 해결책이 될 수도 있다. 중요한 문제에 대해 우리 모두가 어떻게 생각하고 느끼는지 어떻게 알 수 있는가? 그 해답은 밖으로 나가 함께 걷고 길 위에서 입증하는 것이다.

이 책에서 계속 보아 왔듯이, 걷는 것은 그 자체로 개인의 삶과 사회의 많은 측면에 중요한 열쇠가 되는 활동이다. 걷기는 정책 결정자, 의학 전문가들과 도시 설계자들에게 중요한 고려 사항이 되어야 한다. 걷는 이들에게는 지역 사회의 근간이 되는 헌장(어떤 사실에 대해 약속을 이행하기 위해 정한 규범)이 있어야 한다. 이 헌장의 중심에는 기본 원칙들이 있어야 하고, 조항들이 사후 법제화되어야 한다. 앞서 나는 도시 설계자들과 건축가들이 EASE라는 약자를 활용해야 한다는 제안했다. 우리의 도시는 걷기 쉬워야 하고Easy, 접근성이 좋아야 하고Accessible, 안전하고Safe, 즐거움Enjoyable을 줄 수 있어야 한다. EASE를 염두에 둔 디자인 원칙은 삶의 질을 높여줄 것이다. 이 헌장의 기본 원칙들은 사후에 고려되는 것이 아닌, 처음부터 실제 디자인에 적용하여 중심적인 요소가 될 필요가 있다.

메시지는 단순하고 직접적인 편이 좋다. 걷기는 우리에게 유익하다. 그러나 인간은 동시에 나태하고 삶의 관점을 재정립하라는 메시지에 저항하려는 경향이 있다. 어떠한 사안의 지지에 합당한 신뢰성을 높이기 위해서는 자세한 정책 문서들이 도움이 될 것이다. 변화를 확실하게 보장하기 위한 가장 좋은 방법은 현실과 사실에 입각한 내용으로 마음에 호소하기가 있다. 이는 듣는 이들의 가치와 일치하거나 그들의 가치에 다른 의미를 더할 수 있어야 한다.

그러나 정보의 제공만으로도 충분하다면 예방접종에 반대하는 캠페인도 없을 것이고 흡연자도 없고 비만과 관련된 문제도 없을 것이다. 걷기 캠페인은 행동 변화를 촉구하는 간단명료한 메시지가 몇 가지 있어야 한다. 우리가 살고 있는 도시와 마을의 걷기 적합성을 보장하고, 걷기 위해 잘 설계된 녹지를 제공하고, 인간 경험에 중심이 되는 걷기에 대한 요구사항을 반영하라는 내용 등을 말할 수 있을 것이다. 도시와 마을은 우리에게 다양한 활동을 할 수 있는 기회와 휴식과 재충전의 장을 제공하여 인간에게 지극히 당연하고 자연스러운 활동들을 보장해야 한다. 창조, 엔지니어링 그리고 걷는 공간을 지키는 것은 현재뿐만 아니라 미래에 대한 도전 과제다. 이 도전을 받아들이는 것은 우리의 삶을 상상 이상으로 더욱더 풍요롭게 할 것이다.

나가며

이 책을 통해 우리는 고대 진화 역사의 태초로 돌아가 직립보행을 시작한 인류의 조상을 만나보았다. 걷기가 자연이 선물하는 놀라운 정답이라는 사실을 해저를 기어 다니는 생물체부터 백사장에서 먹이를 찾아다니는 네발 동물들 그리고 새로운 땅을 정복하기 위해 아프리카에서 세계의 다른 지역으로 이주의 물결을 일으키고 걸어 나간 인간들의 모습을 통해 끊임없이 목격했다. 또한 길을 잃지 않기 위해서는 걷기에 의해 정기적으로 활성화되어 가장 최적의 상태로 작동하는 인지 지도가 필요하다는 사실을 알았다.

우리는 도시의 경이로움에 빠져 함께 산책도 했다. 도시는 가장 좋은 걷기의 장이 될 수 있다. 도시에서의 걷기는 노인, 젊은이, 지팡이나 목발 또는 휠체어를 이용하는 모든 이들에게 편의성을 제공하고 가장 넓은 의미에서 계획되어야 한다. 점점 더 많은 수의 인간이 도시에 거주하게 될수록 반드시 기억해야 할 것은 도시는 사람을 위해 만들어진 공간이라는 것이다.

우리는 뒤뚱거리며 일어서다 넘어지며, 다시 일어나기를 반복하며 걷는 법을 배웠던 과거 유년기 시절로 여행하기도 했다. 그리고 모든 감각이 걷기에 의해 더욱 분명해지고 자유로워진 손은 몸짓에 사용되고, 도구를 사용할 수 있게 되고, 음식과 아이를 들 수 있게 되며, 이때 발은 공기를 가르고 앞뒤로 움직이며 땅을 딛고 한 발짝 한 발짝 걸어 나아가 계속 앞으로 전진하게 된다. 놀라운 사실은 이 모든 과정이 저절로 일어난다는 것이다.

이 책을 읽은 후, 이 가르침을 더 오래 기억하게 할 수는 없을까? 한 가지 방법은 워킹 앱Walking App을 사용하는 것이다. 알림 수신 설정을 하라. 오늘 몇 보를 걸었는가? 자신의 걸음 수를 기록하는 것뿐만 아니라 친구들, 동일 연령대, 나라 평균도 비교할 수 있다. 그리고 걷기를 조금 더 늘리기 위해 자동차를 목적지에서 조금 더 멀리 주차하고, 버스에서 한 정류장 더 일찍 내리고 가게와 학교로 걸어가는 것 같은 간단한 실천을 해볼 수도 있다.

걷기는 기분을 더 좋게 하는 것 이상의 효과를 가지고 있다. 걷기는 우울증을 막는 행동적 예방 접종이 될 수도 있고, 활동적이지 않은 생활을 하면 서서히 성격이 부정적으로 변하는 것 또한 알게 되었다. 아울러 걷기는 놀라운 문제 해결 능력을 가져다준다. 걷기로 인해 발달되는 창의력은 인생의 문제들을 사라지게 할 것이다.

이 책의 가장 중요한 메시지는 다음과 같다. 걷기는 우리의 사회적·심리적 그리고 신경 기능의 모든 면을 개선한다는 것이다. 또한 삶의 질을 개선하고 건강을 지키기 위한 필수적인 처방으로, 적든 많든 정기적으로 실행하고 적당한 속도로 매일매일 자연 속에서도 도심 속에서도 수행해야 한다. 걷기는 자연스러운 일상의 습관이 되어야 한다. 당장 나가서 걸어라. 얼굴에 스치는 바람을 느끼고, 오후의 햇살과 밤의 가로등 불빛이 눈동자에 비춰 춤을 추고, 얼굴에 떨어지는 빗방울과 발 밑의 땅을 느껴라. 주변의 소리를 들으며 스스로에게 말을 걸고, 걷기의 리듬에 맞춰 여유를 찾고, 마음과 정신이 떠돌고 고심하고 사색하고 과거로 여행하고 앞으로의 미래를 탐색하게 하라. 혹은 아무것도 생각하지 말아라. 걷기는 우리의 깊은 진화론적 과거에서 시작되었지만 우리의 미래이기도 하다. 이제 모두가 알게 되었듯이 걷기는 우리에게 무한한 도움을 줄 것이기 때문이다.

감사의 글

이 책은 항상 현명하고 조예가 깊은 나의 출판 에이전트인 AM 히스의 빌 해밀톤Bill Hamilton과 2016년 10월 런던의 웰컴 컬렉션에서 나눈 흥미로운 대화를 통해 탄생했다. 나에게 많은 것을 깨닫게 해준 그 흥미롭고 중요한 대화가 없었다면 이 책을 저술해야 한다는 생각을 못했을 것이다. 그리고 AM 히스의 팀, 특히 이 책의 탄생을 위해 많은 도움을 준 제니퍼 커스터Jennifer Custer와 헬렌 페리Hélène Ferey에게도 감사를 전한다. 또한 이 책의 가치를 알아보고 출판이 되기까지 지원을 아끼지 않은 보들리 헤드의 스튜어트 윌리엄스Stuart Williams에게도 감사를 전한다. 보들리 헤드의 안나-소피아 와츠Anna-Sophia Watts와 로렌 하워드Lauren Howard 또한 원고의 면밀한 검토에 많은 도움을 주었다.

이전에 저술한 두 권의 책은 이 책과 다른 주제를 다루었다. 그러나 그 두 권의 책들과 이 책을 아우르는 근본적인 주제는 '세상 속 뇌'로 '뇌의 관점'에서 세상을 보는 것이다. 내 연구 분야 중 하나는 심리학과 신경과학을 정책 결정과 이와 관련된 영역에 적용하는 것이다. 오늘날은 전 세계적으로 진행되는 연구로 인해 뇌와 행동의 과학에 관심을 가질 수 있는 아주 굉장한 시기이다. 이 책을 통해 기관, 정부, 기업들의 결정권자들이 과학과 관련 증거들을 더 신중하게 고려하고 정책 결정에 반영하는 바람을 가져본다. 이 책에 있는 아이디어들은 비슷한 또래의 학자들이 저술한 관련 분야의 문헌을 읽은 것을 바탕으로 제안했다. 정치가, 건축가, 도시 설계자와 엔지니어들이 보기에 논란의 여지가 있을 수 있지만 심리학과 신경과학에서는 전혀 논란이 되지 않는다. 도시 계획자들과 엔지니어들은 도시와 마을의 걷기 적합성을 매우 중요한 요소로 생각하고 이에 대한 의존도가 매우 높다는 사실을 받아들이기 바란다.

참고문헌

들어가며

1 https://www.bbc.com/news/uk-scotland-north-east-orkney-shetland-45758016.

1장

1 Stroop, J. R. (1935), 'Studies of interference in serial verbal reactions', Journal of Experimental Psychology, 18(6), 643–62, doi:10.1037/h0054651.

2 Rosenbaum et al. (2017), 'Stand by Your Stroop: Standing Up Enhances Selective Attention and Cognitive Control', Psychological Science, 28(12), 1864–7, http:// journals.sagepub.com/doi/pdf/10.1177/0956797617721270.

3 Carter et al. (2018), 'Regular walking breaks prevent the decline in cerebral blood flow associated with prolonged sitting', https://www.physiology.org/doi/ full/10.1152/japplphysiol.00310.2018; Climie et al. (2018), 'Simple intermittent resistance activity mitigates the detrimental effect of prolonged unbroken sitting on arterial function in overweight and obese adults', https://www.physiology. org/doi/full/10.1152/japplphysiol.00544.2018#.XCgVpEcW2lg.twitter.

4 The hippocampal formation shows quite remarkable plasticity in response to aerobic exercise. A variety of data from differing groups shows that this effect is reliably induced by regular aerobic exercise: interventions promoting heart health also promote brain health; Erickson et al. (2011), 'Exercise training increases size of hippocampus and improves memory', Proceedings of the National Academy of Sciences, 108(7), 3017–22, http://www.pnas.org/content/ pnas/108/7/3017.full.pdf; Erickson et al. (2009), 'Aerobic fitness is associated with hippocampal volume in elderly humans',

Hippocampus, 19(10), 1030–9, https:// www.ncbi.nlm.nih.gov/pmc/articles/PMC3072565/; Thomas et al. (2016), 'Multimodal characterization of rapid anterior hippocampal volume increase associated with aerobic exercise', Neuroimage, 131, 162–70, https://www.ncbi.nlm.nih.gov/ pmc/articles/ PMC4848119/. See also Griffin et al. (2011), 'Aerobic exercise improves hippocampal function and increases BDNF in the serum of young adultmales', Physiology & Behavior, 104(5), 934–41, https:// www.sciencedirect.com/ science/article/pii/S0031938411003088, for a similar result in young adults.

5 Ladouce et al. (2017), 'Understanding minds in real-world environments: toward a mobile cognition approach', Frontiers in human neuroscience, 10, 694, https://www.frontiersin.org/articles/10.3389/ fnhum.2016.00694/full.

6 Kaplan et al. (2017), 'Coronary atherosclerosis in indigenous South American Tsimane: a cross-sectional cohort study', The Lancet, 389(10080), 1730–9, https:// www.thelancet.com/journals/ lancet/article/PIIS0140-6736(17)30752-3/ fulltext?code=lancet-site.

7 Althoff et al. (2017), 'Large-scale physical activity data reveal worldwide activity inequality', Nature, 547(7663), 336, https://www.ncbi.nlm.nih.gov/pmc/ articles/PMC5774986/. Note that in Althoff 's study, activity levels are likely to be under-reported, as they captured just pedometer data. Periods spent swimming, playing high-intensity sports such as squash or badminton, or team sports involving some degree of physical contact, will not be captured by the smartphone (although these data are increasingly being captured by other means for professional sportspeople).

2장

1 This excellent National Geographic article has a wonderful video of the walking skate: https://news. nationalgeographic.com/2018/02/skate-neural-geneticswalking-human-evolution-spd/; see also https://www.sciencedaily.com/releases/ 2018/02/180208120912.htm; Jung et al. (2018), 'The ancient origins of neural substrates for land walking', Cell, 172(4), 667–82, https://www.cell.com/cell/ fulltext/S0092-8674(18)30050-3?innerTabvideo-abstract_mmc8=.

2 Bradley et al. (1998), 'Genetics and domestic cattle origins', Evolutionary Anthropology: Issues, News, and Reviews, 6, 79–86, https://onlinelibrary.wiley.com/ doi/pdf/10.1002/%28SICI%291520-6505%281998%296%3A3%3C79%3A%3AAIDEVAN2%3E3.0.CO%3B2-R); Beja-Pereira et al. (2003), 'Gene-culture coevolution between cattle milk protein genes and human lactase genes', Nature genetics, 35(4), 311, https://www.researchgate.net/profile/Andrew_Chamberlain/publication/ 8993180_Gene-culture_coevolution_between_cattle_milk_protein_genes_and_ human_lactase_ genes/ links/00b495228d03d99e02000000/Gene-culturecoevolution-between-cattle-milk-protein-

genes-and-human-lactase-genes.pdf).

3 Pontzer et al. (2012), 'Hunter-gatherer energetics and human obesity', PLoS One, 7(7), e40503, https://journals.plos.org/plosone/article?id=10.1371/journal. pone.0040503. They studied thirty Hadza adults, with approximately fifty – fifty representation of males and females who were compared to a similar group of normal weight, drawn from a developed market economy.

4 Selinger et al. (2015), 'Humans can continuously optimize energetic cost during walking', Current Biology, 25(18), 2452–6, https://www.sciencedirect. com/science/article/pii/S0960982215009586.

5 Lieberman, D. E. (2015), 'Is exercise really medicine? An evolutionary perspective', Current sports medicine reports, 14(4), 313–19, https://scholar.harvard.edu/ dlieberman/publications/exercise-really-medicine-evolutionary-perspective. This is an interesting interview with Lieberman: https:// news.harvard.edu/ gazette/story/2018/04/harvard-evolutionary-biologist-daniel-lieberman-onthe-past-present-and-future-of-speed/.

3장

1 Adolph et al. (2012), 'How do you learn to walk? Thousands of steps and dozens of falls per day', Psychological Science, 23(11), 1387–94, http://journals. sagepub.com/doi/ pdf/10.1177/0956797612446346.

2 D'Avella et al. (2003), 'Combinations of muscle synergies in the construction of a natural motor behavior', Nature Neuroscience, 6(3), 300, http://e.guigon.free. fr/rsc/article/dAvellaEtAl03.pdf; for the larger debate about the recruitment of muscles during motor control, see Tresch, M. C. and Jarc, A. (2009), 'The case for and against muscle synergies', Current Opinion in Neurobiology, 19(6), 601–7, https://www.ncbi.nlm.nih.gov/pmc/articles/PMC2818278/.

3 La Fougere et al. (2010), 'Real versus imagined locomotion: a [18F]-FDG PET-fMRI comparison', Neuroimage, 50(4), 1589–98, https://s3.amazonaws. com/academia.edu.documents/44014268/ Real_versus_imagined_locomotion_a_18FFD20160322-1395-wry1yz.pdf. https://www.ncbi.nlm. nih.gov/pmc/articles/PMC2846419/.

4 The word 'kinaethesis' is also sometimes loosely used to refer to the specific signals arising from muscles and movement.15. Shirai, N. and Imura, T. (2014), 'Looking away before moving forward: Changes in optic-flow perception precede locomotor development', Psychological science, 25(2), 485–93, https://www.researchgate.net/publication/259499202_Looking_ Away_Before_Moving_ Forward.

5 Shirai, N. and Imura, T. (2014), 'Looking away before moving forward: Changes in optic-flow

perception precede locomotor development', Psychological science, 25(2), 485–93, https://www.researchgate.net/publication/259499202_Looking_Away_Before_Moving_Forward.

6 Garrett et al. (2002), 'Locomotor milestones and baby walkers: cross sectional study', BMJ, 324(7352), 1494, https://www.bmj.com/content/324/7352/1494.full.

4장

1 Loomis et al. (1993), 'Nonvisual navigation by blind and sighted: assessment of path integration ability', Journal of Experimental Psychology: General, 122(1), 73; https://pdfs.semanticscholar.org/ b7d7/10824cd468d1ce420046b66574dfb2f 08cd8.pdf. Note, in an experiment of this type it would be easy to load the dice to get the result that you might want. Loomis and his colleagues were exceptionally careful to control for the demographics of the participant groups. All were approximately the same age: they were either employed or were college students, and all were capable of walking normally, eliminating sources of bias and noise that would otherwise confound their experiments.

2 http://www.nasonline.org/publications/ biographical-memoirs/memoir-pdfs/ tolman-edward.pdf; Tolman, E. C. (1948), 'Cognitive maps in rats and men', Psychological review, 55(4), 189, https://pdfs.semanticscholar.org/0874/ a64d60a23a20303877e23caf8e1d4bb446a4.pdf.

3 Holland, P. C. (2008), 'Cognitive versus stimulus-response theories of learning', Learning & behavior, 36(3), 227–41, https://link.springer.com/content/ pdf/10.3758/LB.36.3.227.pdf; I have, of course, done a little violence to the theoretical subtleties indulged in by certain behaviourists (such as Clark Hull) with this characterisation, but it is close enough to give the general picture. We present a short discussion of Hull's 'Drive Reduction Theory' in the context of modern ideas regarding motivation here: Callaghan et al. (2018), 'Potential roles for opioid receptors in motivation and major depressive disorder', Progress in Brain Research 239, 89–119. Hull's work offers more to modern theories of motivation and his work has to some extent been overlooked.

4 Koffka, K. (2013), Principles of Gestalt Psychology (Routledge). The treatment of gestalt psychology on Wikipedia is comprehensive and is a good starting point,https://en.wikipedia.org/wiki/Gestalt_psychology: 'This principle maintains that when the human mind (perceptual system) forms a percept or "gestalt", the whole has a reality of its own, independent of the parts. The original famous phrase of gestalt psychologist Kurt Koffka, "the whole is something else than the sum of its parts", is often incorrectly translated as "The whole is greater than the sum of its parts", and thus used when explaining gestalt theory, and further incorrectly applied to systems theory. Koffka did not like the translation. He firmly corrected students who replaced "other" with "greater". "This is not a principle

of addition," he said. The whole has an independent existence.'

5 Souman et al. (2009), 'Walking straight into circles', Current biology, 19(18), 1538–42, https://www.sciencedirect.com/science/article/pii/S0960982209014791.

6 Brunec et al. (2017), 'Contracted time and expanded space: The impact of circumnavigation on judgements of space and time', Cognition, 166, 425–32, https://www.sciencedirect.com/science/article/pii/S001002771730166X. (This paper also has perhaps one of the greatest lines in a research paper that I have ever read: 'After each delivery, they [the experimental participants] were teleported to the starting point and given a new goal'! A remarkable technological achievement indeed, previously seen only on Star Trek . . .)

7 Corkin, S. (2013), Permanent Present Tense: The man with no memory, and what he taught the world (Penguin UK).

8 O'Keefe, J. and Burgess, N. (1999), 'Theta activity, virtual navigation and the human hippocampus', Trends in cognitive sciences, 3(11), 403–6, http://memory.psych.upenn.edu/files/pubs/KahaEtal99b.pdf.

9 Aghajan, Z. M. et al. (2017), 'Theta oscillations in the human medial temporal lobe during real-world ambulatory movement', Current Biology, 27(24), 3743– 51, https://www.sciencedirect.com/science/article/pii/S0960982217313994.

10 O'Keefe, J. and Dostrovsky, J. (1971), 'The hippocampus as a spatial map. Preliminary evidence from unit activity in the freely-moving rat', Brain Research, 34(1): 171–5, http://europepmc.org/abstract/MED/5124915; O'Keefe, J. and Nadel, L. (1978), The Hippocampus as a Cognitive Map (Clarendon Press), http://www.cognitivemap.net/HCMpdf/HCMComplete.pdf.

11 Ekstrom et al. (2003), 'Cellular networks underlying human spatial navigation', Nature, 425(6954), 184, https://www.researchgate.net/profile/Arne_Ekstrom/ publication/10573102_Cellular_Networks_underlying_human_spatial_navigation/ links/5405cdd20cf2c48563b1b5d4.pdf.

12 Maguire et al. (1997), 'Recalling routes around London: activation of the right hippocampus in taxi drivers', Journal of Neuroscience, 17(18), 7103–10, http:// www.jneurosci.org/content/jneuro/17/18/7103.full.pdf; Maguire et al. (1998), 'Knowing where things are: Parahippocampal involvement in encoding objectlocations in virtual large-scale space', Journal of Cognitive Neuroscience, 10(1), 61–76, https://www.mitpressjournals.org/doi/abs/10.1162/089892998563789.

13 Ranck Jr, J. B. (1973), 'Studies on single neurons in dorsal hippocampal formation and septum in unrestrained rats: Part I. Behavioral correlates and firing repertoires', Experimental Neurology,

41(2), 461–31, https://deepblue.lib.umich.edu/ bitstream/handle/2027.42/33782/0000036.pdf?sequence=1&isAllowed=y.

14 Taube et al. (1990), 'Head-direction cells recorded from the postsubiculum in freely moving rats. I. Description and quantitative analysis', Journal of Neuroscience, 10(2), 420–35, http://www.jneurosci.org/content/jneuro/10/2/420.full.pdf.

15 https://www.nobelprize.org/prizes/medicine/2014/press-release/.

16 Grieves, R. M. and Jeffery, K. J. (2017), 'The representation of space in the brain', Behavioural Processes, 135, 113–31, http://discovery.ucl.ac.uk/1535831/1/ Jeffery_Accepted%20version%20for%20OA%20repository.pdf.

17 O'Mara, S. M. (2013), 'The anterior thalamus provides a subcortical circuit supporting memory and spatial navigation', Frontiers in systems neuroscience, 7, 45, https://www.frontiersin.org/articles/10.3389/fnsys.2013.00045/full;Jankowski et al. (2015), 'Evidence for spatially-responsive neurons in the rostral thalamus', Frontiers in behavioral neuroscience, 9, 256, https://www.frontiersin.org/ articles/10.3389/fnbeh.2015.00256/full; Jankowski et al.(2015), 'Dynamics of place, boundary and object encoding in rat anterior claustrum', Frontiers in behavioral neuroscience, 9, 250, https://www.frontiersin.org/articles/10.3389/fnbeh.2015.00250/full; Tsanov, M. and O'Mara, S. (2015), 'Decoding signal processing in thalamo-hippocampal circuitry: implications for theories of memory and spatial processing', Brain Research, 1621, 368–79, http://www.tara.tcd.ie/ bitstream/handle/2262/73409/1-s2.0-S0006899314016722-main.pdf?sequence=1.

18 O'Mara, S. M. (2013), 'The anterior thalamus provides a subcortical circuit supporting memory and spatial navigation', Frontiers in Systems Neuroscience, 7, 45, https://www.frontiersin.org/articles/10.3389/fnsys.2013.00045/full; Jankowski et al. (2015), 'Evidence for spatially-responsive neurons in the rostral thalamus', Frontiers in Behavioral Neuroscience, 9, 256, https://www.frontiersin.org/ articles/10.3389/fnbeh.2015.00256/full); Jankowski, M. M. and O'Mara, S. M. (2015), 'Dynamics of place, boundary and object encoding in rat anterior claustrum', Frontiers in Behavioral Neuroscience, 9, 250, https://www.frontiersin.org/articles/10.3389/ fnbeh.2015.00250/full; Tsanov, M. and O'Mara, S. M. (2015), 'Decoding signal processing in thalamo-hippocampal circuitry: implications for theories of memory and spatial processing', Brain Research, 1621, 368–79, http://www.tara.tcd.ie/bitstream/ handle/2262/73409/1-s2.0-S0006899314016722-main.pdf?sequence=1.

5장

1 This is a great piece in a great series about walking the city: https://www.theguardian.com/

cities/2018/oct/05/desire-paths-the-illicit-trails-that-defy-theurban-planners?CMP=share_btn_tw; see https://www.theguardian.com/ cities/series/walking-the-city for the full collection of articles. For desire lines, see: https://www.witpress.com/Secure/elibrary/papers/SC12/SC12003FU1.pdf.For Robert Macfarlane, see: https://twitter.com/RobGMacfarlane/status/977787 226133278725.

2 Welch, T., 'Eco of Bologna – Fellini's Rimini – and Ferrara', https://www.eurotrib.com/story/2008/3/30/16150/7191; see also Saitta, D., 'Umberto Eco, Planning Education, and Urban Space', https://www.planetizen.com/node/84742/ umberto-eco-planning-education-and-urban-space.

3 Althoff et al. (2017), 'Large-scale physical activity data reveal worldwide activity inequality', Nature, 547(7663), 336, https://www.ncbi.nlm.nih.gov/pmc/ articles/PMC5774986/; see also http://activityinequality.stanford.edu/.

4 Speck, J. (2013), Walkable City: How downtown can save America, one step at a time (Macmillan).

5 Fuller, R. A. and Gaston, K. J. (2009), 'The scaling of green space coverage in European cities', Biology Letters, 5(3), 352–5, http://rsbl.royalsocietypublishing.org/content/5/3/352.short.

6 https://academic.oup.com/ije/article/34/6/1435/707557.

7 Asher et al. (2012), 'Most older pedestrians are unable to cross the road in time: a cross-sectional study', Age and Ageing, 41(5), 690–4, https://www.researchgate.net/publication/225307198_Most_older_pedestrians_are_unable_ to_cross_the_road_in_time_A_cross-sectional_study.

8 Litman, T (2014), 'The Mobility-Productivity Paradox Exploring the Negative Relationships Between Mobility and Economic Productivity', http://www.vtpi.org/ITED_paradox.pdf.

9 Bornstein, M. H. and Bornstein, H. G. (1976), 'The pace of life', Nature, 259(5544), 557, https://www.nature.com/articles/259557a0.

10 Walmsley, D. J. and Lewis, G. J. (1989), 'The pace of pedestrian flows in cities', Environment and Behavior, 21(2), 123–50, https://www.researchgate.net/ publication/240689640_The_Pace_of_Pedestrian_Flows_in_Cities.

11 Wirtz, P. and Ries, G. (1992), 'The pace of life-reanalysed: Why does walking speed of pedestrians correlate with city size?', Behaviour, 123(1), 77–83, https:// www.jstor.org/stable/4535062?seq=1#metadata_info_tab_contents.

12 Levine, R. V. and Norenzayan, A. (1999), 'The pace of life in 31 countries', Journal of cross-cultural psychology, 30(2), 178–205, http://journals.sagepub.com/doi/pdf/10.1177/0022022199030002003.

13 Shadmehr et al. (2016), 'A representation of effort in decision-making and motor control', Current Biology, 26(14), 1929–34, http://reprints.shadmehrlab.org/Shadmehr_CurrBiol_2016.pdf.

14 James, L. (2015), 'Managing Walking Rage: Self-Assessment and Self-Change Techniques', Journal of Psychological Clinical Psychiatry, 2(1), 00057.

15 Pelphrey et al. (2004), 'When strangers pass: processing of mutual and averted social gaze in the superior temporal sulcus', Psychological Science, 15(9), 598–603, http://journals.sagepub.com/doi/pdf/10.1111/j.0956-7976.2004.00726.x.

16 Milgram et al. (1969), 'Note on the drawing power of crowds of different size', Journal of Personality and Social Psychology, 13(2), 79, https://www.researchgate.net/profile/Leonard_Bickman/publication/232493453_Note_on_the_Drawing_ Power_of_Crowds_of_Different_Size/links/0deec52cf116b0afd3000000/Note-on-theDrawing-Power-of-Crowds-of-Different-Size.pdf.

17 Gallup et al. (2012), 'Visual attention and the acquisition of information in human crowds', Proceedings of the National Academy of Sciences, 109(19), 7245– 50, http://www.pnas.org/content/pnas/109/19/7245.full.pdf.

6장

1 Klepeis et al. (2001), 'The National Human Activity Pattern Survey (NHAPS):a resource for assessing exposure to environmental pollutants', Journal of Exposure Science and Environmental Epidemiology, 11(3), 231, https://indoor.lbl.gov/sites/all/files/lbnl-47713.pdf.

2 Stephan et al. (2018), 'Physical activity and personality development over twenty years: Evidence from three longitudinal samples', Journal of research in personality, 73, 173–9, https://www.ncbi.nlm.nih.gov/pmc/articles/PMC5892442/.These findings are essentially epidemiological – in other words there were no experimental manipulations, but they attempt to control for the problems that come with such a study; however, other studies tend to come to similar conclusions – being sedentary causes a negative drift in the five factors of personality (see https://scholar.google.com/scholar?cites=5366658728132198651&as_ sdt=2005&sciodt=0,5&hl=en for others).

3 Goldberg, L. R. (1990), '"An alternative" description of personality: the bigfive factor structure', Journal of personality and social psychology, 59(6), 1216, https://cmapspublic2.ihmc.us/rid=1LQBQ96VY-19DH2XW-GW/Goldberg.BigFive-FactorsStructure.JPSP.1990.pdf.

4 Giovanni Boccaccio, The Decameron. Translated by Guido Waldman with introduction and notes by Jonathan Usher (Oxford University Press), xxix, 698.

5 Nisbet, E. K. and Zelenski, J. M. (2011), 'Underestimating nearby nature: Affective forecasting errors obscure the happy path to sustainability', Psychological Science, 22(9), 1101–6, http://journals.sagepub.com/doi/pdf/10.1177/0956797611418527.

6 Lovelock, J., (1995), The Ages of Gaia: A Biography of Our Living Earth (W.W. Norton & Company).

7 Thompson et al. (2012), 'More green space is linked to less stress in deprived communities: Evidence from salivary cortisol patterns', Landscape and urban planning, 105(3), 221–9, https://www.sciencedirect.com/science/article/pii/ S0169204611003665; this study comes with some caveats: it is correlational, rather than causal, and it is a small, exploratory study; the sample size was small;they conducted the study in January, when daylight hours in Scotland are relatively restricted, and the environment has yet to flower; they had no wealthy or higher socio-economic status controls; and nor did they conduct any comparisons between other cities.

8 Thompson, C. W. et al. (2012), 'More green space is linked to less stress in deprived communities: Evidence from salivary cortisol patterns', Landscape and urban planning, 105(3), 221–9, https://www.mdpi.com/1660–4601/13/4/440/ htm.

9 Kaplan, S. (1995), 'The restorative benefits of nature: Toward an integrative framework', Journal of Environmental Psychology, 15(3), 169–82, http://willsull.net/resources/KaplanS1995.pdf; Kaplan, R. and Kaplan, S. (1989), The Experience of Nature: A psychological perspective (Cambridge University Press).

10 White et al. (2013), 'Feelings of restoration from recent nature visits', Journal of Environmental Psychology, 35, 40–51, https://www.researchgate.net/ publication/273422708_Feelings_of_restoration_from_recent_nature_visits.

11 https://www.nimh.nih.gov/health/topics/depression/index.shtml.

12 Kessler, R. C. and Bromet, E. J. (2013), 'The epidemiology of depression across cultures', Annual review of public health, 34, 119–38, https://www.ncbi.nlm.nih.gov/pmc/articles/PMC4100461/.

13 Cooney et al., 'Exercise for depression', Cochrane Database of Systematic Reviews 2013, Issue 9, Art. No. CD004366, doi:10.1002/14651858.CD004366.pub6.

14 Harvey et al. (2017), 'Exercise and the prevention of depression: results of the HUNT Cohort Study', American Journal of Psychiatry, 175(1), 28–36, https:// ajp.psychiatryonline.org/doi/pdf/10.1176/appi.ajp.2017.16111223?casa_token= 4zbPWwv9LLQAAAAA:v97geAouVEtev5geGCnHWNuBg41Ju-RTsNfdcr3VjT HFZC6nIylfj37wMZZnNxmTDPP9Z_7m7HE3.

15 Simon, G. (2017), 'Should psychiatrists write the exercise prescription for depression?',

American Journal of Psychiatry, 175(1), 2–3, https://ajp.psychiatryonline.org/doi/10.1176/appi.ajp.2017.17090990.

16 https://www.nobelprize.org/prizes/literature/1950/russell/lecture/.

17 Aggleton et al. (2010), 'Hippocampal–anterior thalamic pathways for memory:uncovering a network of direct and indirect actions', European Journal of Neuroscience, 31(12), 2292–307.

18 Suter et al (1994), 'Jogging or walking – comparison of health effects,' Annals of Epidemiology, 4(5), 375–81, https://www.sciencedirect.com/science/article/ pii/1047279794900728.

19 Davitt et al. (2018), 'Moderate-vigorous Intensity Run Vs. Walk On Hemodynamics, Metabolism And Perception Of Effort: 1942 Board# 203 May 31 3', Medicine & Science in Sports & Exercise, 50(5S), 468–9, https://insights.ovid.com/medicinescience-sports-exercise/mespex/2018/05/001/moderate-vigorousintensity-run-vs-walk/1539/00005768.

7장

1 Henry David Thoreau, The Portable Thoreau, http://www.penguin.com/ajax/ books/excerpt/9780143106500; see also http:// blogthoreau.blogspot.com/2014/ 08/a-thousand-rills-thoreaus-journal-19.html.

2 Raichle et al. (2001), 'A default mode of brain function', Proceedings of the National Academy of Sciences, 98(2), 676–82; https://www.pnas.org/content/ pnas/98/2/676.full.pdf.

3 Christoff et al. (2009), 'Experience sampling during fMRI reveals default network and executive system contributions to mind wandering', Proceedings of the National Academy of Sciences, 106(21), 8719–24, https://www.pnas.org/ content/pnas/106/21/8719.full.pdf.

4 Baird et al. (2012), 'Inspired by distraction: mind wandering facilitates creative incubation', Psychological Science, 23(10), 1117–22, https://journals.sagepub.com/ doi/pdf/10.1177/0956797612446024.

5 Gusnard et al. (2001), 'Medial prefrontal cortex and self-referential mental activity: relation to a default mode of brain function', Proceedings of the National Academy of Sciences, 98(7), 4259–64, https://www.pnas.org/content/pnas/106/6/1942.full.pdf;Farb, et al. (2007), 'Attending to the present: mindfulness meditation reveals distinct neural modes of self-reference', Social cognitive and affective neuroscience, 2(4), 313–22, https://academic.oup.com/scan/article/2/4/313/1676557.

6 Beaty et al. (2018), 'Robust prediction of individual creative ability from brain functional connectivity', Proceedings of the National Academy of Sciences, https:// www.pnas.org/content/pnas/

early/2018/01/09/1713532115.full.pdf.

7 Kahneman, D. (2011), Thinking, Fast and Slow (Farrar, Straus & Giroux).

8 Ibid., 40.

9 Oppezzo, M. and Schwartz, D. L. (2014), 'Give your ideas some legs: The positive effect of walking on creative thinking', Journal of experimental psychology: learning, memory, and cognition, 40(4), 1142–52, https://lagunita.stanford.edu/c4x/Medicine/ANES204/asset/Give_Your_Ideas_Some_Legs_2.pdf.

10 Steinberg et al. (1997), 'Exercise enhances creativity independently of mood', Brish Journal of Sports Medicine, 31(3), 240–5, https:// bjsm.bmj.com/ content/ bjsports/31/3/240.full.pdf.

11 Keinänen, M. (2016), 'Taking your mind for a walk: a qualitative investigation of walking and thinking among nine Norwegian academics', Higher Education, 71(4), 593–605, https://link.springer.com/article/10.1007/s10734-015-9926-2.

12 Steinbeck, J., Sweet Thursday, https://www.penguinrandomhouse.com/ books/354543/sweet-thursday-by-john-steinbeck/9780143039471/.

13 Wagner et al. (2004), 'Sleep inspires insight', Nature, 427(6972), 352, http://www.cogsci.ucsd.edu/~chiba/SleepInsightWagnerNature04.pdf. Ed Yong provides a nice summary of some current thinking on sleep and creativity here: https://www.theatlantic.com/science/archive/2018/05/sleep-creativity-theory/560399/; the emphasis being that good-quality sleep, with all sleep cycles engaged and spent, is key.

8장

1 Twain, M., 'A Tramp Abroad', https://www.gutenberg.org/files/119/119-h/119-h.htm, chapter XXIII.

2 https://tilda.tcd.ie/publications/reports/pdf/Report_PhysicalActivity.pdf.

3 Muscatell et al. (2012), 'Social status modulates neural activity in the mentalizing network' NeuroImage, 60(3), 1771–77.

4 Bonini, L. (2017), 'The extended mirror neuron network: Anatomy, origin, and functions', The Neuroscientist, 23(1), 56–67.

5 Dunbar, R. (1998), Grooming, Gossip, and the Evolution of Language (Harvard University Press).

6 Yun et al. (2012), 'Interpersonal body and neural synchronization as a marker of implicit social

interaction', Scientific reports, 2, 959, https://www.nature.com/ articles/srep00959; they recruited twenty healthy right-handed male participants, and equipped them with EEG electrodes. Participants in their study sat across a table from a leader, and were instructed to use either their left or right arm (removing hand preference from analyses of the brain mechanisms responsible for synchronisation).

7 Ikeda et al. (2017), 'Steady beat sound facilitates both coordinated group walking and inter-subject neural synchrony', Frontiers in Human Neuroscience, 11, 147, https://www.ncbi.nlm.nih.gov/pmc/articles/PMC5366316/. The data from these studies can be difficult to interpret, because localising the signal obtained to particular brain regions can be tricky. Additionally, the data are collected while the person is walking, so they are up and about, and the data are acquired on the fly.

8 Van Schaik et al. (2017), 'Measuring mimicry: general corticospinal facilitation during observation of naturalistic behaviour', European Journal of Neuroscience, 46(2), 1828–36, https://www.researchgate.net/profile/Johanna_ Van_Schaik/publication/317606742_Measuring_Mimicry_General_Corticospinal_ Facilitation_During_Observation_of_Naturalistic_Behaviour/links/595622d7 aca272fbb37d150d/Measuring-Mimicry-General-Corticospinal-Facilitation-DuringObservation-of-Naturalistic-Behaviour.pdf). Van Schaik and colleagues recruited eighteen female participants in their study, measuring the TMS-motor-evoked potential in the right hands of their participants.

9 Sweeny et al. (2013), 'Sensitive perception of a person's direction of walking by 4-year-old children', Developmental Psychology, 49(11), 2120, https://www.ncbi.nlm.nih.gov/pmc/articles/PMC4305363/.

10 Gabriel et al. (2017), 'The psychological importance of collective assembly: Development and validation of the Tendency for Effervescent Assembly Measure (TEAM)', Psychological Assessment, 29(11), 1349–62, doi:10.1037/ pas0000434, https://www.researchgate.net/publication/314271695_The_ Psychological_Importance_of_Collective_Assembly_Development_and_Validation_ of_the_Tendency_for_Effervescent_Assembly_Measure_TEAM.

11 https://malachiodoherty.com/2008/08/08/lord-bew-on-burntollet/.16. When attempting policy change, we must also focus on how we reason and make decisions. Underlying much of the reasoning we engage in during the course of our lives is a tendency to retrofit arguments and data to a position that we already have taken. This is known formally as confirmation bias, and is a widespread and ubiquitous shortcut in human reasoning.

걷기의 세계

뇌과학자가 전하는 가장 단순한 운동의 경이로움

초판 1쇄 발행 2022년 6월 10일
초판 9쇄 발행 2023년 12월 28일

지은이 셰인 오마라
옮긴이 구희성
펴낸이 성의현
펴낸곳 (주)미래의창

편집주간 김성옥
편집진행 김다울
디자인 공미향
홍보 및 마케팅 연상희 · 이보경 · 정해준 · 김제인

출판 신고 2019년 10월 28일 제2019-000291호
주소 서울시 마포구 잔다리로 62-1 미래의창빌딩(서교동 376-15, 5층)
전화 070-8693-1719 **팩스** 0507-0301-1585
홈페이지 www.miraebook.co.kr
ISBN 979-11-91464-71-9 03400

※ 책값은 뒤표지에 있습니다.